WERKSTATTBÜCHER

FÜR BETRIEBSBEAMTE, KONSTRUKTEURE UND FACHARBEITER
HERAUSGEGEBEN VON DR.-ING. H. HAAKE, HAMBURG

Jedes Heft 50—70 Seiten stark, mit zahlreichen Textabbildungen

---

Die Werkstattbücher behandeln das Gesamtgebiet der Werkstattstechnik in kurzen selbständigen Einzeldarstellungen; anerkannte Fachleute und tüchtige Praktiker bieten hier das Beste aus ihrem Arbeitsfeld, um ihre Fachgenossen schnell und gründlich in die Betriebspraxis einzuführen.
Die Werkstattbücher stehen wissenschaftlich und betriebstechnisch auf der Höhe, sind dabei aber im besten Sinne gemeinverständlich, so daß alle im Betrieb und auch im Büro Tätigen, vom vorwärtsstrebenden Facharbeiter bis zum leitenden Ingenieur, Nutzen aus ihnen ziehen können.
Indem die Sammlung so den Einzelnen zu fördern sucht, wird sie dem Betrieb als Ganzem nutzen und damit auch der deutschen technischen Arbeit im Wettbewerb der Völker.

Einteilung der bisher erschienenen Hefte nach Fachgebieten

I. Werkstoffe, Hilfsstoffe, Hilfsverfahren

	Heft
Der Grauguß. 3. Aufl. Von Chr. Gilles	19
Einwandfreier Formguß. 3. Aufl. Von E. Kothny (Im Druck)	30
Stahl- und Temperguß. 3. Aufl. Von E. Kothny (Im Druck)	24
Die Baustähle für den Maschinen- und Fahrzeugbau. Von K. Krekeler	75
Die Werkzeugstähle. Von H. Herbers	50
Nichteisenmetalle I (Kupfer, Messing, Bronze, Rotguß). 3. Aufl. Von Hans Keller (Im Druck)	45
Nichteisenmetalle II (Leichtmetalle). 2. Aufl. Von R. Hinzmann	53
Härten und Vergüten des Stahles. 5. Aufl. Von H. Herbers	7
Die Praxis der Warmbehandlung des Stahles. 5. Aufl. Von P. Klostermann	8
Elektrowärme in der Eisen- und Metallindustrie. Von O. Wundram	69
Brennhärten. 2. Aufl. Von H. W. Grönegreß	89
Die Brennstoffe. Von E. Kothny	32
Öl im Betrieb. 2. Aufl. Von K. Krekeler	48
Farbspritzen. Von R. Klose	49
Rezepte für die Werkstatt. 5. Aufl. Von F. Spitzer	9
Furniere—Sperrholz—Schichtholz I. Von J. Bittner	76
Furniere—Sperrholz—Schichtholz II. Von L. Klotz	77

II. Spangebende Formung

Die Zerspanbarkeit der Werkstoffe. 3. Aufl. Von K. Krekeler	61
Hartmetalle in der Werkstatt. Von F. W. Leier	62
Gewindeschneiden. 5. Aufl. Von O. M. Müller	1
Wechselräderberechnung für Drehbänke. 6. Aufl. Von E. Mayer	4
Bohren. 4. Aufl. Von J. Dinnebier	15
Senken und Reiben. 4. Aufl. Von J. Dinnebier (Im Druck)	16
Innenräumen. 3. Aufl. Von L. Knoll und A. Schatz (Im Druck)	26

(Fortsetzung 3. Umschlagseite)

WERKSTATTBÜCHER
FÜR BETRIEBSBEAMTE, KONSTRUKTEURE UND FACH-ARBEITER. HERAUSGEBER DR.-ING. H. HAAKE, HAMBURG
HEFT 12

Freiformschmiede

Zweiter Teil

Konstruktion und Ausführung von Schmiedestücken (Schmiedebeispiele)

Von

Adolf Stodt

Dritte, neubearbeitete Auflage
(13. bis 18. Tausend)

Mit 107 Abbildungen im Text

Springer-Verlag
Berlin/Göttingen/Heidelberg
1950

Inhaltsverzeichnis.

Seite

I. Berücksichtigung der Herstellung beim Konstruieren 3

A. Werkstoff 3

1. Allgemeine Gesichtspunkte S. 3. — 2. Festigkeitsfragen S. 3. — 3. Verschmiedung S. 4.

B. Bearbeitungszugaben und Maßabweichungen 4

4. Form und Art des Ausgangswerkstoffes S. 4. — 5. Form des Schmiedestückes S. 4. — 6. Einfluß ungleicher Wärme S. 5. — 7. Gang der Schmiedearbeit und Ungenauigkeit des Messens S. 5. — 8. Maßabweichungen durch Wärmedehnungen des Werkstoffes S. 6. — 9. Maßabweichungen durch besondere Umstände der Schmiede S. 6.

C. Werkstattgerechtes Konstruieren 7

10. Erleichterung durch Schweißen S. 7. — 11. Rücksicht auf Faserverlauf S. 8. — 12. Vielgestaltige Teile S. 8. — 13. Scheibenförmige und kegelige Teile S. 12. — 14. Probestäbe S. 12.

II. Betriebsorganisation der Freiformschmiede 13

15. Arbeitsvorbereitung S. 13. — 16. Werkzeugbewirtschaftung S. 13. — 17. Arbeitsablauf S. 14. — 18. Werkstoffbewirtschaftung S. 16. — 19. Herstellungskosten S. 17. — 20. Gewichtsbestimmungen S. 17.

III. Beispiele von Schmiedestücken 18

A. Arbeitsgeräte 18

21. Zimmermannswinkel S. 18. — 22. Hacke für Land- und Forstwirtschaft S. 19. — 23. Maurerkelle S. 19. — 24. Sensen S. 20. — 25. Holzbohrer S. 21.

B. Konstruktionsteile zur Lastaufnahme 23

26. Feuergeschweißte Kette S. 23. — 27. Große Schäkel S. 24. — 28. Große Lasthaken S. 25.

C. Maschinenteile 27

29. Doppelhebel S. 27. — 30. Winkelhebel S. 28. — 31. Traverse S. 29. — 32. Maßgenaue Wellen S. 30. — 33. Exzenterwelle S. 32. — 34. Achtfach gekröpfte Kurbelwelle S. 35. — 35. Kurbelhubstücke S. 38. — 36. Wellen mit großen Flanschen S. 41. — 37. Hohler Kolben S. 44. — 38. Lokomotivenkuppelstange S. 45.

D. Sonderteile 46

39. Vorstücke zu Radbandagen S. 46. — 40. Schmiedeamboß S. 47. — 41. Ruderquadrant S. 49. — 42. Wellenbock S. 50. — 43. Ruderschaft S. 52. — 44. Reaktionsgefäß für die chemische Industrie S. 54.

ISBN-13: 978-3-540-01510-9 e-ISBN-13: 978-3-642-86769-9
DOI: 10.1007/978-3-642-86769-9

I. Berücksichtigung der Herstellung beim Konstruieren.

A. Werkstoff.

1. Allgemeine Gesichtspunkte. Richtige Gestaltung ermöglicht es, Konstruktionsteile für hohe Ansprüche durch wirtschaftliche Herstellungsverfahren vorteilhaft zu erzeugen. In ähnlichem Maße, wie die Gestaltung das Erzeugungsverfahren beeinflußt, kann dieses auch der Konstruktion bestimmte Richtungen geben. Der Konstrukteur muß deshalb auch über gewisse schmiedetechnische Kenntnisse verfügen, die ihn in die Lage setzen, den Erfordernissen der Herstellungsverfahren bei der Gestaltung Ausdruck zu verleihen. Da der Konstrukteur auch die notwendigen Angaben für die Werkstoffbestellung zu liefern hat, muß er über die Eigenschaften der Werkstoffe genau unterrichtet sein und ferner wissen, in welchen Abmessungen seine Schmiede den Werkstoff vorrätig hält, bzw. welche handelsübliche Form in Frage kommt. Überpreise für die verschiedenen Abmessungen, Formen und Mengen erfordern besondere Berücksichtigung; häufig wird sich der Konstrukteur der Werksnormen bedienen.

In manchen Fällen hat der Konstrukteur der Schmiede die Warmbehandlung vorzuschreiben, so z. B. Glühbehandlung bei Stücken mit größeren Querschnittsmaßen. Der Konstrukteur denke daran, daß Schmieden eines der teuersten Herstellungsverfahren ist und Verwendung von Schmiedeteilen nur da angebracht ist, wo bei hohen Beanspruchungen geringes Eigengewicht gefordert wird. Immerhin: Wenn der zum Schmieden aufgewendete Arbeitswert geringer ist, als der durch Spanabheben entstehende Verlust an Stoffwert, vermehrt um die Arbeit des Spanabhebens, ist die Formgebung durch Schmieden meist vorzuziehen.

Die Konstruktion der Freiformschmiedestücke sei einfach. Bei der konstruktiven Gestaltung der Stücke ist es notwendig, daß der Konstrukteur sich das ganze Herstellungsverfahren vorstellt und sich in Zweifelsfällen mit dem Schmiedefachmann berät.

2. Festigkeitsfragen. Seiner Berechnung legt der Konstrukteur wohl meistens die Zugfestigkeit zugrunde, jedoch sind Dehnung, Streckgrenze und Kerbzähigkeit wegen der durch sie gekennzeichneten Eigenschaften wichtig. Bei Teilen, die Dauerbeanspruchungen ausgesetzt sind, ist hohe Streckgrenze erwünscht. Sicherheit gegen Bruch bei plötzlich auftretenden Beanspruchungen wird durch hohe Kerbzähigkeit erreicht [1].

Für hohe Anforderungen bei besonders geringem Eigengewicht der Stücke verwendet man in steigendem Maße legierte Stähle. Bei der Auswahl dieser Stähle ist neben den Eigenschaften und dem Preis auch die Bearbeitbarkeit zu berücksichtigen. Werkstoffe mit großer Festigkeit oder Härte verteuern die Herstellungskosten in der Schmiede wie in den mechanischen Werkstätten. Sind die Bearbeitungskosten infolge der Konstruktionseigenart des Stückes besonders hoch, so daß die Kosten des Werkstoffes nicht ausschlaggebend sind, oder sollen spätere

[1] Näheres siehe Heft 34: Werkstoffprüfung und Heft 20: Festigkeit und Formänderung.

Anmerkung: Die erste Auflage wurde von P. H. Schweißguth † bearbeitet und ist 1923 erschienen. Bearbeiter der 2. Auflage, die 1934 erschien, waren B. Preuss und A. Stodt.

Instandsetzungs- und Unterhaltungskosten möglichst vermieden werden, so ist die Verwendung legierter Stähle gerechtfertigt.

Von vielen Stahlwerken werden für die mannigfachsten Sonderfälle noch besonders geeignete Stähle hergestellt. Häufig wird deshalb für den Konstrukteur die Entscheidung nicht leicht sein. Grundsatz sollte aber auch hier sein: mit den einfachsten Mitteln das bestmögliche zu erreichen. Hiergegen wird vielfach dadurch verstoßen, daß für unwichtige und wenig beanspruchte Teile hochwertige Stähle vorgeschrieben werden.

3. Verschmiedung. Während bei kleineren Schmiedestücken, die aus Halbzeug oder Stabeisen hergestellt werden, der Werkstoff durch seine Behandlung im Walzwerk bereits ein feinkörniges Gefüge erhalten hat, also kein besonderer Wert mehr auf *Verschmiedung* gelegt zu werden braucht, wird es bei der Verwendung von Rohblöcken notwendig sein, in entsprechenden Fällen auf den Grad der Durchschmiedung hinzuweisen. Im allgemeinen kann man annehmen, daß eine gute Durchschmiedung erzielt ist, wenn der Rohblock auf $\frac{1}{2} \cdots \frac{1}{3}$ seines ursprünglichen Querschnittes heruntergeschmiedet ist. Mit dem Verschmiedegrad wesentlich höher zu gehen, dürfte sich meist nicht empfehlen, weil — ganz abgesehen von der aufzuwendenden Schmiedearbeit — zwar in der Streckrichtung die mechanischen Gütewerte weiter verbessert werden. jedoch nicht quer dazu. Hier kann sogar eine Verminderung eintreten (s auch I. Teil, Heft 11, S. 15). Zweckmäßig ist deshalb für den Konstrukteur, sich in entsprechenden Fällen mit dem Schmiedefachmann ins Einvernehmen zu setzen.

B. Bearbeitungszugaben und Maßabweichungen.

Schmiedestücke, die bearbeitet werden sollen, muß man an den betreffenden Stellen stärker lassen, d. h. mit Bearbeitungszugaben versehen, die aber möglichst gering sein sollen, weil die Bearbeitungskosten sonst zu hoch werden. Für die Bemessung dieser Zugaben sind die beim Schmieden entstehenden Abweichungen vom Sollmaß besonders zu beachten, wie nachfolgend näher erläutert wird.

4. Form und Art des Ausgangs-Werkstoffes. Stücke, die aus vorgewalzten Knüppeln oder Brammen hergestellt werden, erfordern eine verhältnismäßig geringe Zugabe, da die Oberfläche des Werkstoffes glatt und fast rißfrei ist. Bei Verwendung von Rohblöcken ist zu berücksichtigen, daß ihre Oberfläche oft Risse, poröse Stellen oder Schlackeneinschlüsse aufweist, und daß diese nicht immer vermeidbaren Rohblockfehler sich in mehr oder weniger unangenehmer Form am Schmiedestück wiederfinden. Die Bearbeitungszugabe muß so groß bemessen sein, daß bei der spangebenden Formung diese Oberflächenfehler wegfallen. Die Tiefe solcher Oberflächenfehler ist sehr verschieden. Ist die Querschnittsverminderung beim Schmieden sehr groß, so vermindert sich auch die Dicke der das Stück umgebenden fehlerhaften Schicht, während sie bei einer geringen Verschmiedung entsprechend dicker bleibt.

5. Form des Schmiedestückes. Eine Welle von 250 mm ∅ und 1 m Länge wird man bei guter Oberflächenbeschaffenheit des Ausgangswerkstoffes mit etwa 6 mm Bearbeitungszugabe je Fläche ohne Schwierigkeiten herstellen können. Bei einer Länge von 10 m würde eine so geringe Bearbeitungszugabe jedoch nicht genügen, da das genau Geraderichten der Welle, wie es in diesem Falle erforderlich wäre, hohe Kosten verursachen würde. Ferner würde ein geringes Verziehen der Welle beim Erkalten ein erneutes Richten notwendig machen. Bei der Festsetzung der Bearbeitungszugabe muß dies berücksichtigt werden. Eine gute Oberflächenbeschaffenheit des Ausgangswerkstoffes vorausgesetzt, wäre die Bearbeitungszugabe bei dieser Welle auf etwa 14 bis 16 mm je Fläche festzusetzen. Ähnlich ist es auch bei langen Stangen rechteckigen oder vieleckigen Querschnittes. Wenn man schon nicht vorzieht, solche Stangen rund zu schmieden, um die endgültige Form auf der Hobelmaschine herzustellen, so muß noch bedacht werden, daß sich solche Stangen beim Schmieden sehr leicht verdrehen. Es ist also notwendig, die Bearbeitungszugabe entsprechend groß anzunehmen.

6. Einfluß ungleicher Wärme. Mit zunehmenden Querschnittsmaßen wächst die Schwierigkeit, die Rohblöcke gleichmäßig zu erwärmen. Unregelmäßigkeiten lassen sich nicht vermeiden, da gleichmäßig warme Blöcke größerer Abmessungen naturgemäß sehr viel Brennstoff benötigen. Werkstoff mit höherer Temperatur bietet der Verformung weniger Widerstand, als solcher mit niederer Temperatur. Die wärmeren Stellen nehmen deshalb auch andere Formen an. Bei glatten Wellen und Stäben ist dieser Umstand nicht wichtig, weil durch das nachfolgende Richten die gewollte Form noch erreicht wird. Bei Formstücken größeren Ausmaßes jedoch wird die Verformung durch diesen Umstand stark beeinträchtigt. Wenn sich ein solches Stück nicht richten läßt, so ist es notwendig, um Ausschuß zu vermeiden, die Bearbeitungszugabe stärker zu lassen, um durch Zerspanen die Form herauszuarbeiten. Z. B. zieht sich beim Absetzen eines Stückes die Ecke infolge des Nachgebens des nach innen liegenden wärmeren Werkstoffes herunter. Die Ecke wird nicht voll, wenn der Schmied vor dem Absetzen die Höhe statt H (Abb. 1) nur $= h$ macht. Wenn die Längenmaße es zulassen, läßt sich durch nochmaliges Überschmieden nach dem Absetzen die Zugabe verringern, im anderen Falle bleibt aber nichts übrig als sie ganz zu zerspanen.

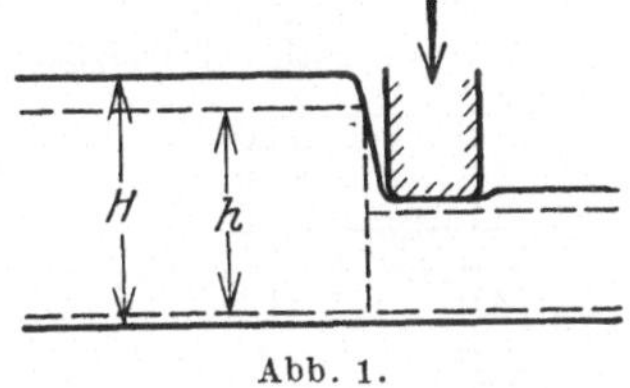

Abb. 1.

7. Gang der Schmiedearbeit und Ungenauigkeit des Messens. In der Freiformschmiede hat sich die Arbeit bisher noch verhältnismäßig wenig mechanisieren lassen. Es arbeiten in der Regel eine Anzahl Leute in einer Gruppe zusammen an einem Hammer oder einer Presse, von denen jeder während des Schmiedens eine bestimmte Tätigkeit ausführen muß. Da die Anwärmekosten einen beträchtlichen Teil der Herstellungskosten ausmachen, ist es notwendig, die Zeit, in der sich das Stück im schmiedbaren Zustande befindet, möglichst auszunutzen. Jeder Vorgang muß vorher festgelegt, alles vor dem „Ziehen der Wärme" überlegt und vorbereitet sein. Die Eile, mit der alle Verrichtungen während des Schmiedens ausgeführt werden müssen, und die Einwirkung der Wärmeausstrahlung bei größeren Stücken lassen nur ein verhältnismäßig ungenaues Messen zu. Bei der Festsetzung der Bearbeitungszugaben muß infolgedessen geprüft werden, wie weit der Schmied in der Lage ist, eine möglichst geringe Bearbeitungszugabe einzuhalten.

Die von der Arbeitsgemeinschaft Deutscher Betriebsingenieure (ADB) ausgearbeiteten Bearbeitungszugaben stellen im wesentlichen das Richtige dar. Ihre Anwendung erfordert jedoch einige Erfahrung in schmiedetechnischen Dingen.

Die Bearbeitungszugaben sollen betragen:

bei kleinen Stücken	etwa	3 mm	je Fläche
„ mittleren „	„	5 · · · 10	„ „ „
„ großen „	„	25 · · · 30	„ „ „

Für glatte Rund-, Flach- und Vierkantstäbe sind die Bearbeitungszugaben, Maß- und Gewichtsberechnungen in dem DIN-Blatt 1611 Fortsetzung festgelegt. In Sonderfällen, z. B. bei großen Stückzahlen oder bei untergeordneten Zwecken, sollte sich der Konstrukteur mit der Schmiede über eine Abweichung nach unten verständigen.

Um die Bearbeitungszugaben richtig anzuwenden, ist es zunächst einmal notwendig, einwandfreie Schmiedezeichnungen anzufertigen. Es muß aus der Zeichnung zu ersehen sein, wie stark oder lang ein Stück geschmiedet werden soll und ob eine Stelle später roh bleibt oder bearbeitet wird (Abb. 2). Es ist falsch, dem Schmied die Zeichnung des fertigen Stückes mit allen Bearbeitungszugaben zu geben und als Randbemerkung auf die Zeichnung zu schreiben: „An den rot umrandeten Stellen mit 5 mm Bearbeitungszugabe, sonst auf Maß schmieden.“

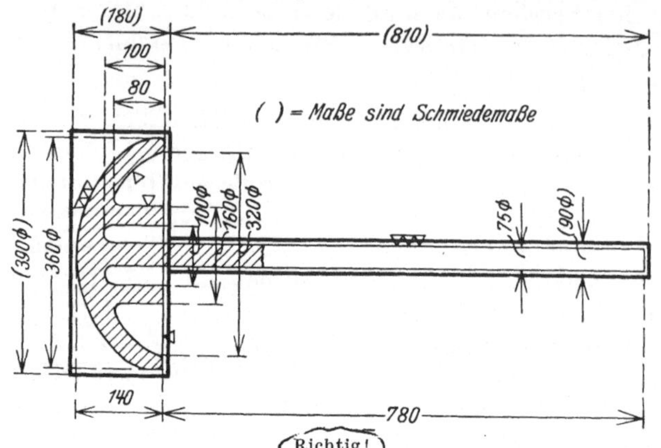

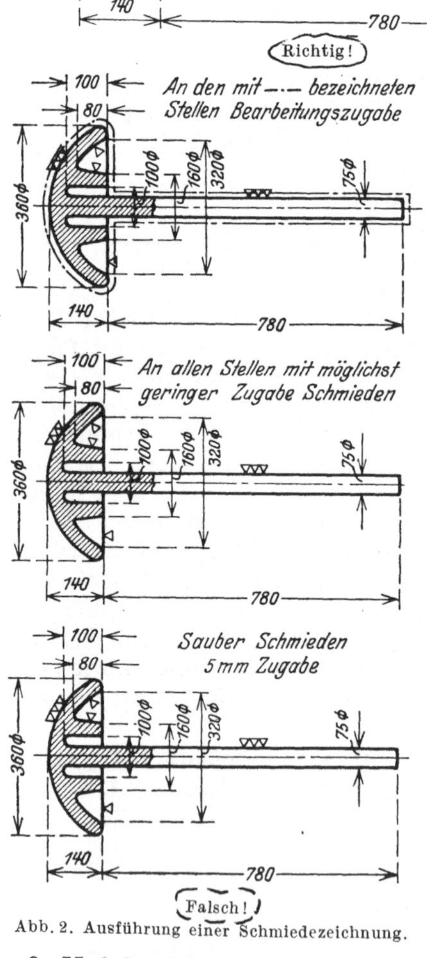

Abb. 2. Ausführung einer Schmiedezeichnung.

8. Maßabweichungen durch Wärmedehnungen des Werkstoffes. Grundsätzlich soll zwischen Bearbeitungszugaben und Maßabweichungen unterschieden werden. Während die Zugaben eine Vorschrift für die Herstellung der Stücke darstellen, sind die Abweichungen ein Maßstab dafür, in welchen Grenzen sich die vorgeschriebenen Maße üblicherweise einhalten lassen.

Beim Schmieden erhält das Werkstück die Form und wird gemessen, wenn der Werkstoff knetbar ist, d. h. von etwa 650° aufwärts. Fast alle Stoffe, so auch Eisen, nehmen bei hoher Temperatur einen größeren Raum ein als bei niedriger. Die geschmiedeten Abmessungen verringern sich deshalb beim Erkalten, je nachdem bei welcher Temperatur sie fertiggestellt wurden, um 1 ··· 1,3%. Bei Stücken, die zum Schmieden gleichmäßig, d. h. in ihrer ganzen Form und Ausdehnung, angewärmt werden, läßt sich das Maß, um welches das Stück schwindet, leicht feststellen und berücksichtigen. Bei langen und großen Stücken, bei denen nur die Stelle angewärmt wird, die gerade bearbeitet werden soll, ist das schon schwieriger, da oft über kalte und warme Stellen zusammen gemessen wird.

9. Maßabweichungen durch besondere Umstände der Schmiede. Schmiedet man unter einem Hammer nur Werkstücke von bekannten, gleichbleibenden Abmessungen aus, so lassen sich im Laufe der Zeit Ofen, Hammer, Werkzeuge und

Menschen in ein so günstiges Verhältnis bringen, daß die Maßgenauigkeit des Stückes einen Höchstwert erreicht. Ein solcher Fall ist aber in der Freiformschmiede unwahrscheinlich, da ihr Arbeitsprogramm sehr groß ist. Z. B. ist es oft notwendig, daß gewichtsmäßig viel mehr Werkstoff angewärmt werden muß, als das betreffende Arbeitsstück benötigt. Um die aufgewendeten Wärmekosten möglichst auszunutzen, werden noch kleinere Werkstücke in derselben „Wärme" angefertigt, die man sonst unter einem weit leichteren Hammer geschmiedet hätte. Diese Stücke werden unter dem großen Hammer etwas rauher, d. h. die Unebenheiten (Maßabweichungen) sind größer.

Stellt der Schmied Stücke mit nur einigen wenigen verschiedenen Abmessungen her, so eignet er sich für diese Maße im Laufe einer kurzen Zeit ein so gutes Augenmaß an, daß er auch verhältnismäßig geringe Maßabweichungen schon wahrnimmt. Jedoch wechseln die Maße bei Einzelanfertigung sehr stark, so daß es dem Schmied kaum möglich ist, sich auf sein Augenmaß zu verlassen. Anderseits wird der Gebrauch von Taster, Maßstab und Schablone durch die Wärmeausstrahlung sehr stark beeinträchtigt.

Die Arbeitsmaschinen der Freiformschmiede sind dem rauhen Betrieb entsprechend stark und haltbar gebaut, verwickelte Steuerorgane sind vermieden. Die Arbeitsgenauigkeit ist deshalb auch nicht sehr groß. Mit steigendem Bärgewicht oder Preßdruck sinkt die Arbeitsgenauigkeit. Es muß deshalb unter Umständen bei einem Stück, das kleinere und größere Abmessungen hat, für die kleineren Abmessungen mit denselben Maßabweichungen gerechnet werden, wie für die größeren.

Es ist nicht möglich, für ein so großes Gebiet allgemeingültige Angaben über Maßabweichungen zu machen. Die nachstehend bezeichneten Maßabweichungen sollen deshalb auch nur ein Anhalt dafür sein, in welchen Größen sich die Werte bewegen. Die Maßabweichungen betragen:

bei kleinen Stücken etwa —5 bis +20%
„ mittleren „ „ —3 bis + 5%
„ großen „ „ + 2,5%

Die Angabe der Maßabweichungen für ein bestimmtes Stück erfordert unter Umständen reichlich Überlegung und eine gewisse Kenntnis des Schmiedevorganges, wobei die verschiedenen Verhältnisse der einzelnen Schmieden das Ergebnis stark beeinflussen können.

C. Werkstattgerechtes Konstruieren.

10. Erleichterung durch Schweißen. Oft ist der Konstrukteur gezwungen, seinen Stücken eine Form zu geben, die nur durch Zusammenschweißen mehrerer Teile erreicht werden kann. Bei Stumpf-, Überlappungs- und Keilschweißung beachte er die günstige Lage der Schweißstellen. Durch elektrisches Stumpfschweißen kann man fast alle handelsüblichen Eisen- und Stahlsorten zusammenschweißen. Diese Art der Schweißung gibt dem Konstrukteur die Möglichkeit, Werkstoffe verschiedener Festigkeit zu verwenden und durch Zusammenfügung handelsüblicher Abmessungen teure Schmiedearbeit zu ersetzen.

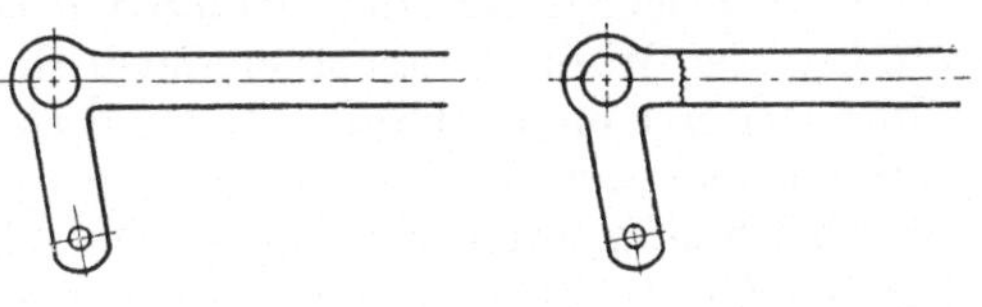

Abb. 3.

Die Herstellung des Mähmaschinenhebels Abb. 3 ist z. B. dadurch vereinfacht worden, daß das Auge mit dem Ansatz ausgestanzt und an den Hebel stumpf angeschweißt wurde. Das größere Loch hätte bei dem geschmiedeten Hebel nachgearbeitet werden müssen, während die Genauigkeit des gestanzten Loches ausreichend ist.

Das elektrische Stumpfschweißen, besonders verläßlich, erstreckt sich keineswegs nur auf kleine Teile; Stücke mit einem Querschnitt von 25 000 mm² und darüber werden zuverlässig geschweißt; jedoch dürfte die Beschaffung einer solch schweren und teuren Maschine nicht für allzu viele Schmiedebetriebe wirtschaftlich sein, zumal auch die plötzlich große, kurzfristige Stromentnahme aus dem Netz recht unbequem ist.

11. Rücksicht auf Faserverlauf. Besondere Beachtung widme der Konstrukteur bei der Gestaltung von Schmiedeteilen auch dem Faserverlauf. Solange die Stücke handlich sind, ist es dem Schmied möglich, die Form der Schmiedestücke der der fertig bearbeiteten Stücke bis auf geringe Bearbeitungszugaben zu nähern und den Werkstoff so zu verformen, daß die Faserrichtung nicht unterbrochen wird.

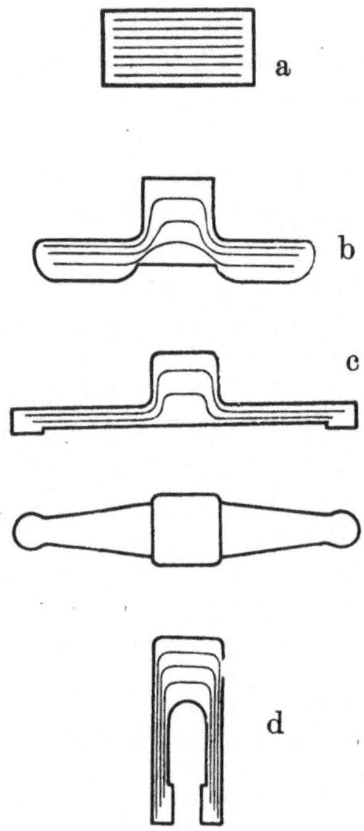

Abb. 4. Schmieden einer Lokomotivbremsgabel.

Der Ausgangswerkstoff für die Lokomotivbremsgabel (Abb. 4) ist Knüppelstahl. Die Faser im Knüppel verläuft mit der Walzrichtung (*a*). Der Kopf der Gabel wird durch zweimaliges Absetzen (*b*) hergestellt und nach dem Ausschmieden (*c*) und Umbiegen der beiden Schenkel (*d*) dem Stück die richtige Form gegeben. Die Faser verläuft ununterbrochen in der Richtung der Hauptbeanspruchungen.

Mit der Größe des Stückes wachsen die Schwierigkeiten, bei der Bearbeitung in der Schmiede den Faserverlauf zu berücksichtigen. Das hat einen Einfluß auf die Gestaltung der Schmiedestücke in der Richtung, große Stücke aus kleineren Teilen aufzubauen.

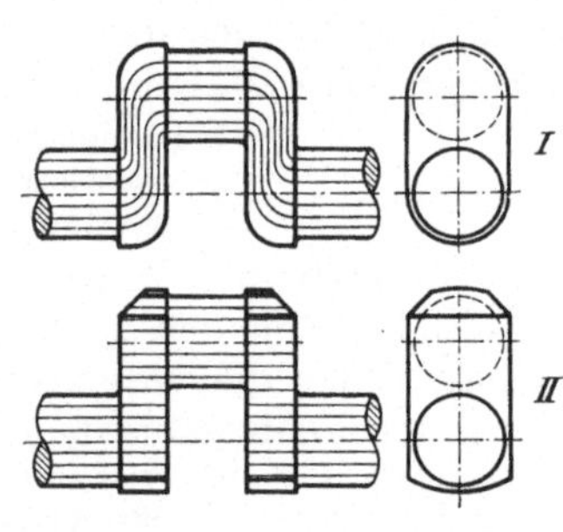

Abb. 5. Faserverlauf bei Kurbelwellen.

Verschiedenen Verlauf der Faser beim gleichen Stück zeigt Abb. 5. Die Kurbelwelle *I* wurde auf der Schmiedemaschine gestaucht: die Faser folgt den Biegungen der Welle, Unterbrechungen des Faserverlaufs sind vermieden. Es ist ohne weiteres einleuchtend, daß die Gesamtfestigkeit solcher Stücke besser ist, als wenn sie aus dem vollen herausgearbeitet werden wie bei Welle *II*: die Faser wird häufig unterbrochen, in den scharfen Ecken besteht Rißgefahr.

Bei der Konstruktion größerer Kurbelwellen wird dem Faserverlauf möglichst Rechnung getragen. Wo es allerdings auf geringstes Eigengewicht und gedrängte Bauart ankommt, wird die aus einem Stück geschmiedete Kurbelwelle bisher am meisten verwendet. Die Faser verläuft bei ihr aber sehr ungünstig, parallel der Körperachse, wie bei der Welle Abb. 5, *II*.

12. Vielgestaltige Teile. Günstig ist der Faserverlauf und einfach die Herstellung, auch mehrhübiger Kurbelwellen, wenn man die Wellen aus Hüben und glatten Zapfen oder aus einzelnen Wangen, Kurbelfingern und glatten Zapfen zusammenbaut. Die Gefahr der Rißbildung in den Ecken kann durch Hohlkehlen vermieden werden. Diese beiden Bauarten haben auch den Vorzug kürzerer Lieferzeiten, da an verschiedenen Teilen der Welle zu gleicher Zeit gearbeitet werden kann. Die Ausschußgefahr, die gegenüber den aus einem Stück geschmiedeten Kurbelwellen, schon wegen der einfachen Bauart und der daraus folgenden leichten Bearbeitung in der Schmiede geringer ist, wird dadurch noch bedeutend herabgemindert, daß nur das unmittelbar Ausschuß gewordene Stück zu ersetzen ist und nicht, wie im anderen Falle, die ganze Welle. Die Vereinfachung der Bauweise geht so weit, daß in manchen Fällen die Kurbelwangen aus Stahlguß hergestellt werden, die bis auf die Bohrungen unbearbeitet bleiben. Die Herstellungskosten einer aufgebauten Kurbelwelle sind wesentlich geringer als einer aus einem Stück geschmiedeten.

Das hier für Kurbelwellen gesagte hat mehr oder weniger auch für andere Schmiedestücke Geltung.

Durch *Zerlegen* des Stückes in mehrere Teile läßt sich außer einer Vereinfachung der Herstellung auch oft eine bessere Verschmiedung erzielen. Die Nockenwelle Abb. 6, bei der Nocken und Welle ein Ganzes bilden (*I*), benötigt bei ihren großen Abmessungen zur Erreichung einer guten Durchschmiedung einen sehr großen Rohblockquerschnitt. Die Herstellung der Zapfen aus solchen großen Querschnitten verteuert die Schmiedearbeit unnötig, und außerdem ist der Schrottanfall sehr hoch. Auch sonst stellt die Herstellung einer solchen Welle große Anforderungen an das Können des Schmiedes sowie an die Einrichtungen der Schmiede und Bearbeitungswerkstätten. Stellt man die Nockenwelle aus Welle und Nocken her (*II*), so entfallen fast alle Schwierigkeiten der Herstellung: Der Nocken läßt sich flach schmieden; die Verschmiedung wird dadurch besser und der zu bearbeitende Rohblockquerschnitt kleiner. Die Welle wird in ihrer ganzen Länge gleichmäßig verschmiedet und benötigt einen im Verhältnis zur ersten Ausführung nur kleinen Rohblock. Die mechanische Bearbeitung wird bedeutend vereinfacht.

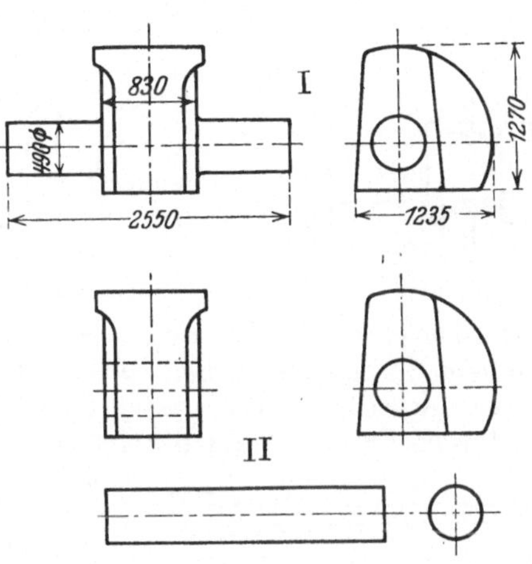

Abb. 6. Nockenwelle aus einem Stück und zusammengesetzt.

Aus dem vorstehend Gesagten ergibt sich, daß der Konstrukteur schwierige Stücke nach Möglichkeit unterteilen soll. Solche Unterteilungen sind jedoch nicht allein bei großen Stücken, sondern manchmal auch bei kleinen Handschmiedestücken angebracht.

Ein weiterer Nachteil vielgestaltiger Schmiedestücke ist die Beeinträchtigung der *Gesamtfestigkeit*, wenn sehr verschieden große Querschnitte in einem Stück vereinigt sind. Bei der Druckwelle einer Schiffswellenleitung (Abb. 7, *I*) sind die Werkstoffmengen für die zwischen den Flanschen liegenden kleinen Querschnitte so gering, daß beim Ankerben der Längen auf dem vorgeschmiedeten Block nur wenige Zentimeter angesetzt werden dürfen. Der sich im vorgeschmiedeten Stück als Scheibe (einfach schraffiert) darstellende Teil der Welle (*II*) muß auf einen kleinen Durchmesser bei großer Länge heruntergeschmiedet werden. Da die Hammerbreite größer ist als die Breite der Scheibe, wird zunächst mit sog. Legeisen gestreckt. Das Schmieden mit so schmalem Werkzeug ist aber unvollkommen, weil der Druck nicht bis in den Kern dringt, sondern nur in der äußeren Schicht eine Streckwirkung hervorruft. Werkstoffzerreißungen im Inneren des Stückes können die Folge solcher Beanspruchungen sein. Diese Nachteile sind zu vermeiden, wenn von vornherein mit genügend breitem Werkzeug geschmiedet werden kann, bis die richtige Länge erreicht ist. Es darf dann aber nicht ganz heruntergeschmiedet werden und die stehenbleibende größere Bearbeitungszugabe im Durchmesser des Stückes muß durch Drehen entfernt werden (*III*). Das Abdrehen dieses Werkstoffes (doppelt schraffiert) ist aber auch wieder ein Nachteil, da gerade im äußeren Mantel des Rohblockes der Werkstoff frei von Seigerungen ist, also der beste Werkstoff zerspant wird.

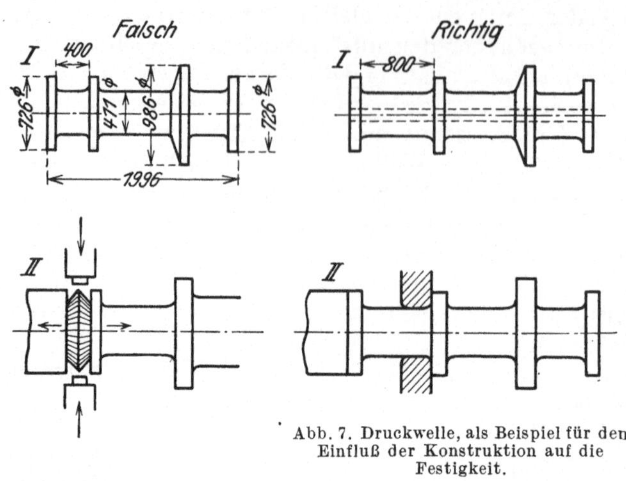

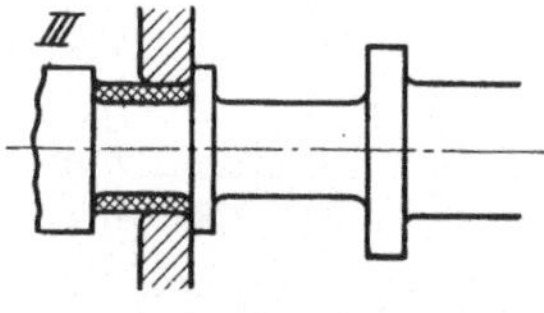

Abb. 7. Druckwelle, als Beispiel für den Einfluß der Konstruktion auf die Festigkeit.

Die Durchmesser der Flanschen und Wellen sollen mit den einzelnen Längen in einem Verhältnis stehen, das es gestattet, die Werkzeugbreite dem Durchmesser des Stückes anzupassen (Abb. 7, *I* u. *II* rechte Seite). Dann kann man gut durchschmieden und die geschmiedete Form der Fertigform so weit nähern, daß der Faserverlauf durch notwendiges Zerspanen einer sehr großen Menge Werkstoff nicht unterbrochen wird.

Wellen von größeren Querschnitten sollen stets hohlgebohrt werden, um etwaige Zerreißungen oder Lunkerbildungen im Inneren des Stückes festzustellen.

Bei Schmiedestücken, die ganz oder teilweise *unbearbeitet* bleiben, ist die Wahl möglichst einfacher Formen notwendig. Der Hebel Abb. 8 soll nur gebohrt und an den Bohrungen bearbeitet werden. Rundungen, wie sie Ausführung *I* aufweist, sind daher zu vermeiden; das einfache Brechen der Ecken wird in vielen Fällen genügen (*II*). Die Maßhaltigkeit solcher Stücke ist normal bis auf den zwischen den beiden Naben liegenden Teil; hier ist mit einer größeren Ungenauigkeit zu rechnen. Die Gründe dafür liegen in der Herstellung: Man geht von dem größten Querschnitt, also demjenigen der größten Nabe aus und setzt auf den Querschnitt der kleineren Nabe ab. Durch Gewichtsberechnung des Werkstoffes zwischen den beiden Naben stellt der Schmied fest, wieviel Werkstoff er auszustrecken hat, um bei der richtigen Entfernung der Naben auch die vorgeschriebe-

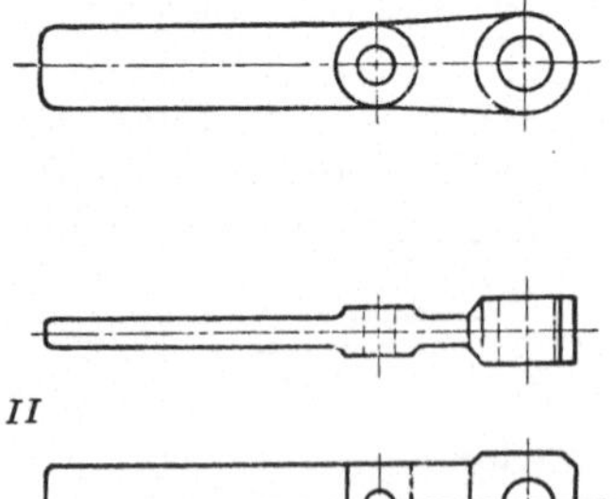

Abb. 8. Hebel mit Rundungen (*I*) und mit gebrochenen Ecken (*II*)

nen Querschnittsmaße zu haben. Da die Entfernung der Nabenmitten das wichtigere Maß ist, wird nur solange gestreckt, bis dieses erreicht ist. Am warmen Stück kann der Schmied nicht mit Reißnadel und Anschlagwinkel arbeiten, alle Messungen können nur ungenau ausgeführt werden, so daß sich Abweichungen von mehreren Kubikzentimetern Werkstoff ergeben können, die dann in der Nichteinhaltung der Querschnittsmasse ihren Ausdruck finden. Diesen Umstand muß der Konstrukteur besonders beachten, da sich hieraus bei der Bearbeitung und beim Zusammenbau mancherlei Schwierigkeiten ergeben können.

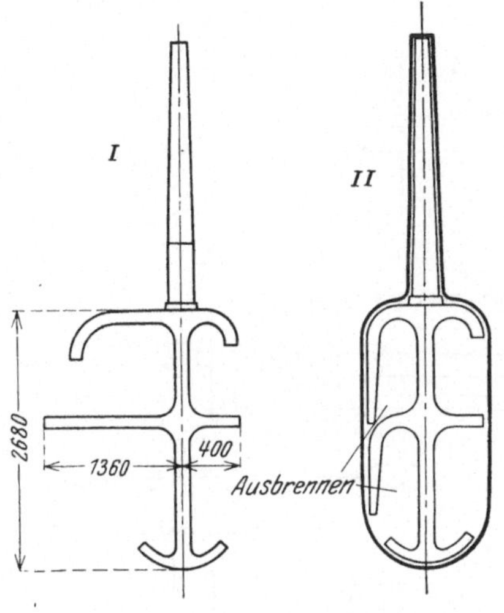

Abb. 9. Ruderrahmen (*I*) und wie er geschmiedet wird (*II*).

In welcher Weise auch verwickelte Formen durch entsprechende Gestaltung sich vereinfachen lassen, zeigt das Beispiel des Ruderrahmens (Abb. 9, *I*). Um diesen Rahmen ohne Schweißung auszuführen, kann man das Unterteil als Platte schmieden und dann die Arme ausbrennen. Diese Arbeitsweise verlangt jedoch, daß der Rahmen gebreitet wird, um nicht einen im Verhältnis zum Arbeitsstück übermäßig großen Rohblockquerschnitt benutzen zu müssen. Der Werkstoffverlust ist durch die großen autogen ausgebrannten Stellen sehr bedeutend.

Denkt man sich aber die Arme zunächst nach unten abgebogen (Abb. 9, *II*), so erhält man eine in ihren rohen Umrissen symmetrische Form, die der Schmied ohne Schwierigkeiten herstellen kann. Die Maße des Rohblockes können sich in engeren Grenzen halten, und in bezug auf die Schwerpunktachse sind die Werkstoffmengen gleichmäßiger verteilt, was beim Schmieden von großem Vorteil ist, da Stücke mit einseitigem Gewicht beim Wenden herumschlagen bzw. schlecht zu halten sind. Die ganze Form des Ruderrahmens läßt sich durch Strecken herstellen. Der Werkstoffverlust ist gegenüber der anderen Ausführung wesentlich gemindert. Auch bei dieser Art der Anfertigung werden die Arme ausgebrannt und dann mit Spanneisen in ihre richtige Lage gezogen.

Werkstücke, die sich in dieser Weise zum Schmieden vereinfachen lassen, sind häufiger, als auf den ersten Blick erscheinen mag.

13. Scheibenförmige und kegelige Teile. Bei Konstruktionsteilen, bei denen die geschmiedete Form eine *Scheibe* ist, also: Stirnräder, Drehbankfutterteile, große Fräser usw., muß sich der Konstrukteur über die Herstellungsart klar sein. Einzelne Scheiben werden wohl stets so hergestellt, daß nach Berechnung des Gewichtes der Schmied von einem Knüppel ein entsprechendes Stück abtrennt und dieses Stück durch Stauchen und Breiten zur Scheibe formt (Abb. 10, *1* bis *3*). Bei einer größeren Anzahl gleicher Scheiben ist es jedoch billiger, eine Welle zu schmieden und hiervon die Scheiben abzustechen (Abb. 11). Solche abgestochenen Scheiben haben gegenüber den einzeln geschmiedeten Scheiben, namentlich bei größerem Durchmesser, allerdings den Nachteil, daß der Werkstoff nicht so gut durchgeschmiedet ist. Für hohe Ansprüche wird deshalb der Konstrukteur die einzeln geschmiedete Scheibe wählen.

Sind Scheiben größeren Durchmessers (etwa über 800 mm) im Mittelpunkt stärkeren Beanspruchungen ausgesetzt, so wird die Scheibe zweckmäßig so geschmiedet, daß die Faserrichtung rechtwinklig zur Achse verläuft (Abb. 12, *3*). Man schmiedet zu diesem Zweck einen rechteckigen Stab oder eine Bramme, trennt hiervon Stücke im Gewicht der Scheiben ab und schmiedet die Stücke einzeln zu Scheiben (Abb. 12, *1* bis *3*). Im Gegensatz zu den erst besprochenen Scheiben (Abb. 10), bei denen die Faserrichtung parallel der Körperachse läuft, und bei denen die Seigerungszone des Rohblockes in Mitte Scheibe liegt, der Werkstoff also dort weniger gut ist, ist bei den Scheiben, die aus Brammen hergestellt sind, die Beschaffenheit des Werkstoffes über die ganze Scheibe einigermaßen gleichmäßig. Bei der Beurteilung der eingeholten Offerten ist die Herstellungsweise unter Umständen mit zu berücksichtigen.

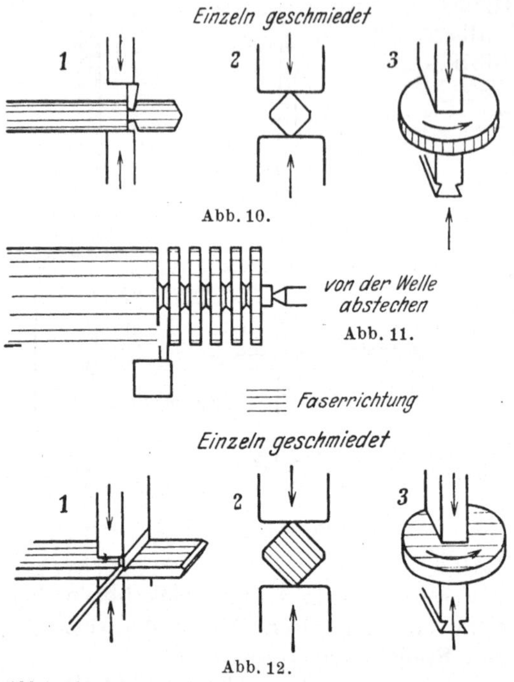

Abb. 10 bis 12. Faserrichtung bei geschmiedeten Scheiben.

Kegelige Stücke verlangen fast stets Sonderwerkzeuge, da sie sich mit den gewöhnlichen Hammereinsätzen nur sehr ungenau und unsauber schmieden lassen. Kurze kegelige Stellen werden deshalb zylindrisch geschmiedet und nachher kegelig gedreht. Es ist deshalb besonders zweckmäßig, wenn der Konstrukteur diesem Umstand Rechnung trägt und kegelige Stellen durch zylindrische ersetzt (Abb. 13). Die Herstellung langer, kegeliger Stücke ist etwas weniger schwierig, jedoch sollten sie auch vermieden werden.

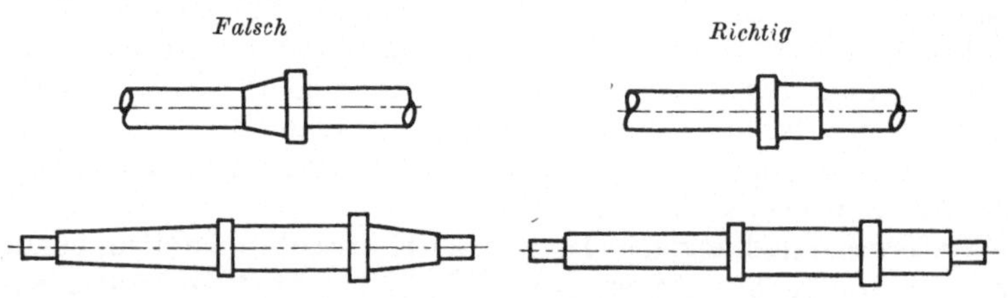

Abb. 13. Ersatz kegeliger Flächen durch zylindrische.

14. Probestäbe. Bei vielen Schmiedestücken ist es üblich, an die Bestellung die Bedingung zu knüpfen, die vorgeschriebenen Festigkeitswerte bei der Abnahme an einem oder mehreren Probestäben nachzuweisen. Entweder werden die Schmiedestücke mit angeschmiedeter Probe unbearbeitet geliefert, so daß der Besteller selbst prüft, oder aber die Probestücke werden nach dem Schmieden durch einen Beauftragten des Bestellers angestempelt, um getrennt vom Werkstück bearbeitet zu werden, damit bei der Abnahme der Stücke auch der Werkstoff geprüft werden kann. In beiden Fällen soll vom Besteller bzw. vom Konstrukteur die Lage der Proben am Stück vorgeschrieben werden. In besonders gelagerten Fällen, z. B. bei größeren und hoch beanspruchten Stücken, wird der Konstrukteur stets den Werkstoff-Fachmann zu Rate ziehen. Darüber hinaus aber muß er sich darüber klar sein, daß die Gütewerte innerhalb eines Stückes sehr verschieden sein können. Es bestehen nicht allein Unterschiede zwischen Längs-, Quer-, Radial- und Tangentialproben, sondern die Werte sind auch für die Kernzone anders als für die Außenzone. Es ist ferner zu beachten, daß durch das Abtrennen der Proben keine übermäßigen Kosten erwachsen und daß das Probestück, aus dem die Proben hergestellt werden, möglichst gering im Gewicht ist.

II. Betriebsorganisation der Freiformschmiede.

15. Arbeitsvorbereitung. Alle für die Herstellung notwendigen Unterlagen, wie Arbeitskarten, Zeichnungen, Wärmevorschriften, Schablonen und Materialscheine müssen rechtzeitig ausgestellt und bereitgehalten werden. Ob die Arbeitsvorbereitung sich bei ihrer Arbeit auf vorliegende Vorberechnungen (Vorkalkulationen), Nachrechnungen, eigene Erfahrungen, Anweisungen seitens der Leitung oder anderes mehr stützt, ist hierbei nebensächlich. Wichtig ist aber, daß ihre Angaben so eindeutig klar und vollständig sind, daß sich die Leute an den Hämmern und Pressen ganz darauf verlassen können. Gerade in der Freiformschmiede ist es wichtig, Arbeitsunterbrechungen durch Rückfragen, Nachrechnungen und dgl. zu vermeiden, da die Wirtschaftlichkeit sehr darunter leidet. Gute büromäßige Vorbereitung der Arbeit wirkt sich so aus, daß die Hammerpausen sich auf eine Geringstzeit beschränken lassen und eine gute Ausnutzung von Ofen und Hammer erreicht wird. Fälschlicherweise macht in zahlreichen Schmieden der Meister diese Arbeit und dazu noch alle Gewichtsberechnungen und Lohn- und Zeitvorgaben. Man zieht ihn damit von seinen Hauptaufgaben, wie Sicherung einer wirtschaftlichen Fertigung und Materialausnutzung, Erhaltung der Betriebsmittel usw., ab.

Abb. 14 zeigt die unterschiedliche Ausnutzung einer Reihe von Dampfhämmern mit einem Bärgewicht von 2000 kg. Die Vergleichsmessungen der in sechs verschiedenen Schmieden stehenden Hämmer erstreckten sich über je zehn Tage. Während die Hämmer *1*, *5* und *6* Schmiedezeiten von 62, 68 und 66% erreichten, ergaben sich diese bei den Hämmern *2*, *3* und *4* zu 38, 42 und 48%.

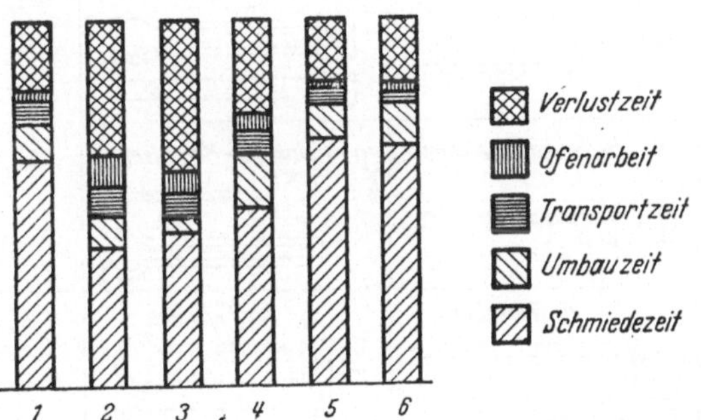

Abb. 14. Ausnutzung von Dampfhämmern.

16. Werkzeugbewirtschaftung. Es wurde schon gesagt, daß die Werkzeuge der Schmiede allgemeinen Charakter haben. Um so weniger ist zu verstehen, daß nur wenige Schmieden ihre Normalwerkzeuge, seien es nun Messer, Balleisen oder Dorne, zeichnerisch festgelegt haben. Dort wo man die Festlegung von Formen und Maßen den Schmieden überläßt, wird man statt eines Normalwerkzeuges, das die Erfahrungen zahlreicher Fachleute berücksichtigt, eine ganze Reihe von Werkzeugen haben, die alle verschieden sind, ihre Bestform auch gar nicht haben können und meistens herumstehen, um „gelegentlich" verwendet zu werden. Irgend ein ordnungsliebender Mensch wirft diese Stücke dann oft nach einiger Zeit zum Schrott.

Sämtliche Werkzeuge sind nach einheitlichen Gesichtspunkten und unter Berücksichtigung der Erfahrung aller zur Verfügung stehenden Fachleute zu entwerfen und zeichnerisch festzulegen. Da es sich in der Mehrzahl um Schmiedestücke handelt, hat die Herstellung im eigenen Betrieb nach den gleichen wirtschaftlichen Grundsätzen zu erfolgen wie sie für die eigentlichen Schmiedestücksaufträge gelten. Dazu gehört, daß die Werkzeuge vorrätig sind, lagermäßig bewirtschaftet und in Serien hergestellt werden. Durch fortwährende Berücksichtigung aller Einwände und Vorschläge lassen sich die Werkzeuge auch dauernd

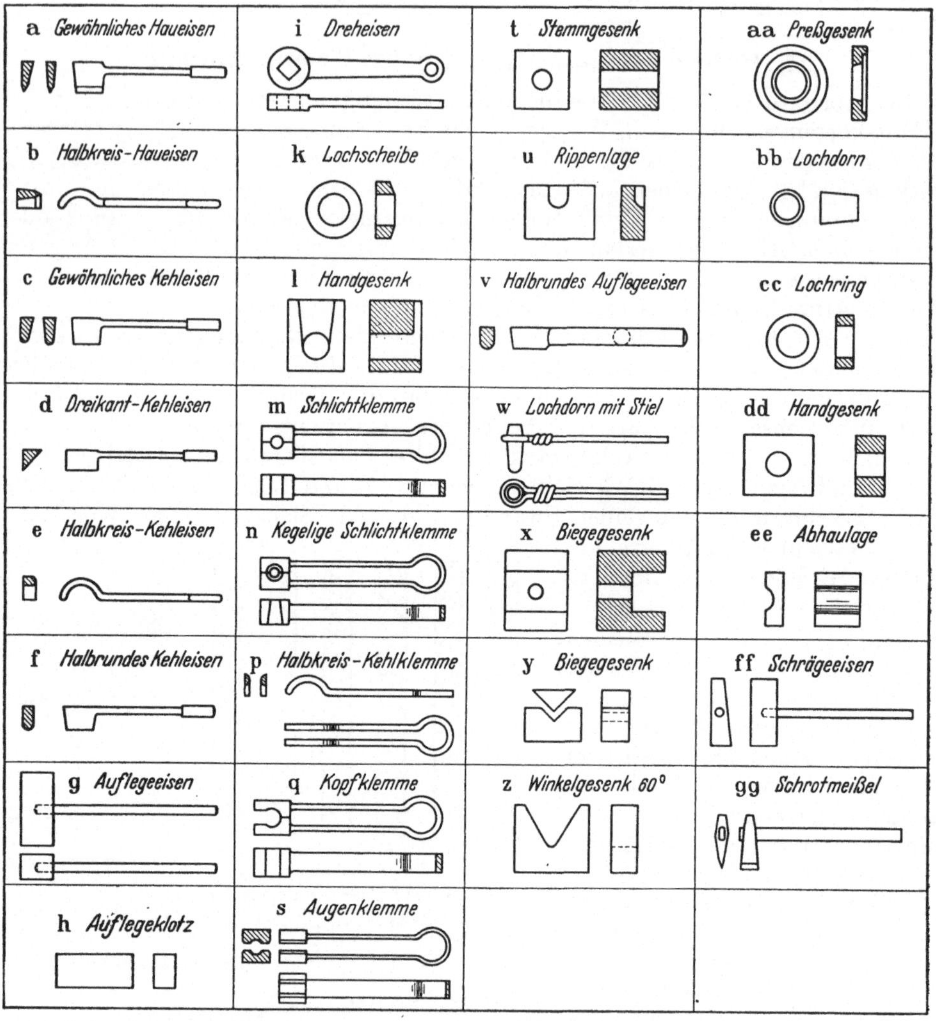

a *Gewöhnliches Haueisen*	i *Dreheisen*	t *Stammgesenk*	aa *Preßgesenk*
b *Halbkreis-Haueisen*	k *Lochscheibe*	u *Rippenlage*	bb *Lochdorn*
c *Gewöhnliches Kehleisen*	l *Handgesenk*	v *Halbrundes Auflegeeisen*	cc *Lochring*
d *Dreikant-Kehleisen*	m *Schlichtklemme*	w *Lochdorn mit Stiel*	dd *Handgesenk*
e *Halbkreis-Kehleisen*	n *Kegelige Schlichtklemme*	x *Biegegesenk*	ee *Abhaulage*
f *Halbrundes Kehleisen*	p *Halbkreis-Kehlklemme*	y *Biegegesenk*	ff *Schrägeeisen*
g *Auflegeeisen*	q *Kopfklemme*	z *Winkelgesenk 60°*	gg *Schrotmeißel*
h *Auflegeklotz*	s *Augenklemme*		

Abb. 15. Werkzeug-Plan. Schmiedewerkzeuge zum Schmieden unter dem Krafthammer und der Schmiedepresse.

auf dem technisch höchsten Stande halten. Darüber hinaus gewinnt man durch die Bewirtschaftung der Werkzeuge die nötigen Einblicke über Haltbarkeit und Verbrauchsmengen. Die wichtigsten Werkzeuge sind in den Abb. 15 bis 23 wiedergegeben.

17. Arbeitsablauf. Bei der Herstellung von Massenartikeln (Schaufeln, Hacken, Beile, Sensen usw.) führt ein Schmied im allgemeinen nur je einen Arbeitsgang aus; die Endform bildet sich also, indem mehrere Schmiede nacheinander je einen

Teil der Verformung verrichten. Die einzelnen Arbeitsgänge sind dabei bis ins kleinste durchgeprobt, so daß der Schmied in der Hauptsache körperlich arbeitet. Mit wachsender Größe werden die Stückzahlen kleiner, eine Verteilung auf mehrere Arbeitsstellen bringt keine Vorteile mehr. Zur körperlichen Arbeit tritt nun in zunehmendem Maße beim Schmied das Denken in plastischen Formvorgängen.

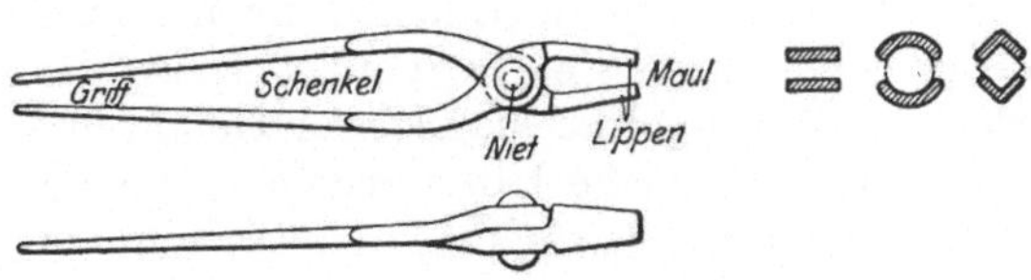

Abb. 16. Schmiedezange für kleinere Stücke.

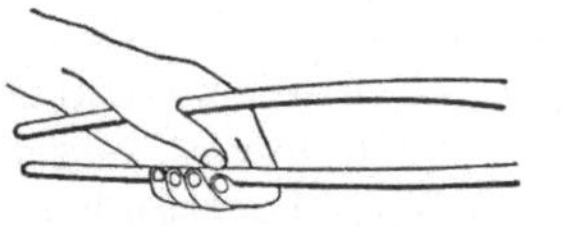

Abb. 21. Federnde Zangenschenkel.

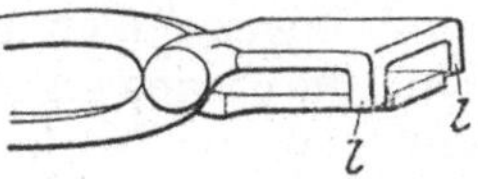

Abb. 17. Schmiedezange für Flachstahl.

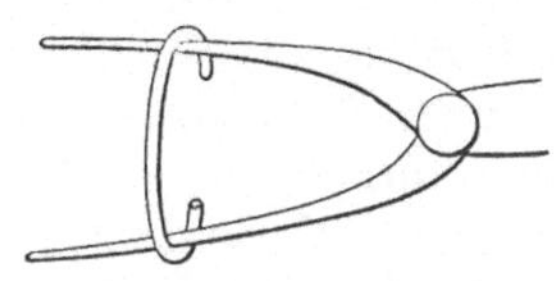

Abb. 22. Offener Zangenring.

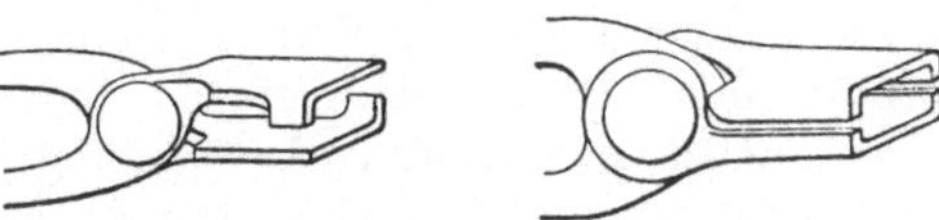

Abb. 18. Abb. 19.
Abb. 18 u. 19. Schmiedezangen für Flachstahl.

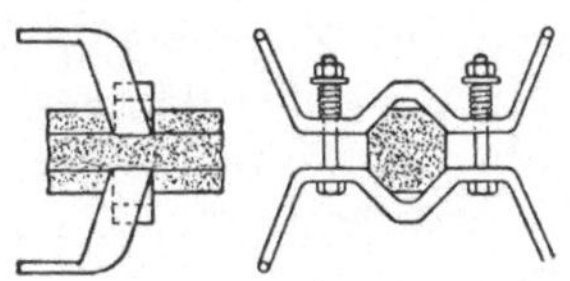

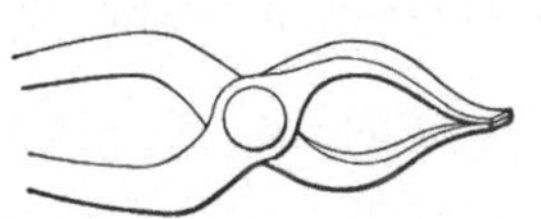

Abb. 20. Schmiedezange für dünne Gegenstände.

Abb. 23. Horn.

Das Absonderliche der Schmiedearbeit liegt nun darin, daß sich diese plastische Verformung nur am angewärmten Stück vollzieht, also zwischen den einzelnen Arbeitsgängen keine Überlegungen eingeschaltet werden können. Der Schmied ist deshalb gezwungen, alle Verformungsvorgänge und das Verhalten des Werkstoffes im voraus zu durchdenken.

Während der Schmied am Amboß noch mit einem oder zwei Helfern arbeitet, erfordern die großen Hämmer und Schmiedepressen oft Kolonnen von acht bis zehn Mann. Schmied, Helfer, Hammer- und Kranführer haben sich nach kurzer Zeit so eingearbeitet, daß der erstere sich nur noch durch gelegentliche Zurufe meistens durch Hand- und Kopfbewegungen verständlich macht. Trotz vieler Hilfseinrichtungen bleibt die Arbeit schwer. Nur gesunde und gutwillige Menschen sind für den Schmiedebetrieb geeignet. Im allgemeinen gilt bei Hämmern und Pressen jeder Größe etwa folgende Arbeitseinteilung:

Der Schmied (auch erster Mann oder Schirrmeister genannt) leitet nicht allein während des Schmiedens die Verformungsvorgänge, indem er die Anordnungen für die Verlagerung des Schmiedestückes und den Gang des Hammers oder der Presse gibt, er legt auch vorher die nötigen Werkzeuge, Schablonen, Zeichnungen und Maße zurecht und erteilt die Anweisungen für Sattelumbau usw.

Der erste Helfer (auch zweiter Mann genannt) besorgt mit den anderen Helfern alle Umbauten und Transportarbeiten. Den Hammer-, Pressen- und Kranführern obliegt neben ihrer besondern Arbeit beim Schmieden auch die Pflege ihrer Maschinen.

Die Arbeit der Ofenleute ist verschieden geregelt; betreut ein Ofenmann nur einen Ofen, so arbeitet er noch als Helfer am Hammer mit, bei mehreren Öfen wird er unter Umständen zum ersten Ofenmann, um mit weiteren Ofenhelfern den Gang der Öfen zu regeln und sie zu pflegen. Unter dieser Ofenpflege versteht man die zahlreichen kleineren Ausbesserungsarbeiten während des Betriebes.

Mit steigendem Gewicht der Stücke wachsen auch die Einrichtungen und die Verantwortung der Schmiedekolonnen, ganz besonders die des Schmiedes. Der Umgang mit großen Kräften und schweren Stücken birgt mancherlei Gefahren in sich. Nicht überall lassen sich Meßinstrumente, welche Überlastungen anzeigen, anbringen; Wachsamkeit und ein gewisses Gefühl für Gefahrenmomente müssen Schmied und Helfer besitzen.

18. Werkstoffbewirtschaftung. Stahl ist hinsichtlich seiner Erzeugungsart und Festigkeitseigenschaften so verschieden, daß nur in wenigen Fällen die eine Stahlart durch eine andere, ohne Berücksichtigung der hierdurch sich ergebenden neuen Verhältnisse, ersetzt werden kann. Daraus ergibt sich die Notwendigkeit, die lagernden Werkstoffe nicht allein zu trennen, sondern die Unterschiedlichkeit auch während des ganzen Herstellungsganges deutlich sichtbar hervorzuheben. Eine solche Markierung ist auch wegen der unterschiedlichen Wärmebehandlung unerläßlich. Die Werkstoffbewirtschaftung umfaßt nicht allein die Festhaltung aller notwendigen Angaben und die Verbrauchskontrolle und -Abrechnung, sie dient ebenso als Grundlage für die Beschaffung neuen Materials, die Arbeiten der Arbeitsvorbereitung und Verfolgung der Materialposten bis zum restlosen Verbrauch. Zweckmäßig wird das gesamte Material karteimäßig erfaßt, wobei die Karten außer den nötigen Spalten für die Abrechnung etwa folgende Grundangaben enthalten sollen:

1. Stahlherkunft: Siemens-Martin-, Thomas-, Elektro-, Tiegel- oder Puddelstahl.
2. Chemische Zusammensetzung, Schmelznummer. Bei DIN-Stählen genügt die DIN-Bezeichnung.
3. Angabe der Festigkeitswerte. Bei DIN-Stählen genügt die DIN-Bezeichnung.
4. Abmessung.

Bei Anlage der Spalten für die *Abrechnung* muß mit der Möglichkeit gerechnet werden, daß ein Reststück außer gutem Material auch Schrott enthält, z. B. wenn bei Verarbeitung eines Rohblockes ein Rest, welcher auch den verlorenen Kopf enthält, abgelegt wird. Die Markierung des Materials im Betrieb soll sich auf die notwendigsten Angaben beschränken, aber mit den Angaben der Kartei übereinstimmen, um das schnelle Auffinden zu ermöglichen. Während der Verarbeitung im Betrieb müssen die einzelnen Gruppen für die richtige Über- und Nachtragung der Markierungen sorgen. Bei Hämmern und Pressen, welche zu gleicher Zeit an verschiedenen Stücken arbeiten, werden die Angaben zweckmäßig auf den Ofentafeln festgehalten. Die Markierung selbst geschieht durch Ölfarbe, bei warmen Stücken und in den Hüttenwerken allgemein durch Stempeln. Diese ganze Markierungsarbeit ist so wichtig, daß sie stets von den gleichen Leuten gemacht werden sollte.

Auch die Festlegung des Glüh- und damit Spannungszustandes des zu lagernden Materials gehört zu den Aufgaben der Werkstoffbewirtschaftung. Mit ihrer Hilfe läßt es sich verhüten, daß Reststücke harter Stähle ungeglüht oder Restblöcke höherer Festigkeit und besonderer Legierung ohne Abtrennen des verlorenen Kopfes auf Lager genommen werden, und bei einem erneuten Anwärmen infolge erhöhter Spannungen Gefahr des Ausschußwerdens besteht. Ebenso wichtig ist die Kontrolle der Verbrauchsdaten, zu deren Ermittlung nur einwandfreie Wägungen, keinesfalls Rechnungen oder Schätzungen dienen sollen. Die Abschlußrechnungen über die einzelnen Posten bieten stets die Möglichkeit, unerwünschtem Materialverbrauch und zu hoher oder zu geringer Blockausnutzung nachzugehen.

19. Herstellungskosten. Die Herstellungsselbstkosten der Freiformschmiedestücke errechnen sich aus folgenden Kostenarten:

1. Kosten des Werkstoffes.
2. Kosten der Verformung (Betriebsmittel, Löhne, Zuschläge).
3. Kosten für den Wärmeaufwand der Verformung (Ofen, Brennstoff, Löhne, Zuschläge).
4. Kosten für die gütemäßige Wärmebehandlung (Ofen, Brennstoff, Kühlmittel, Löhne, Zuschläge).
5. Ausschußwagnis.
6. Sonderkosten für Abnahme, Anstrich, Verpackung usw.

Schmiedestücke sind Handelsobjekte, neben anderem sind hauptsächlich Preis, Lieferzeit und Güte der Ausführung für die Erteilung eines Auftrages maßgebend. Bei jeder Phase des Betriebsgeschehens sollte sich der Betriebsmann die Frage beantworten, wie sich dies oder jenes kostenmäßig auswirkt. Das Wissen um die Dinge des Kostenwesens ist deshalb für ihn als Rüstzeug ebenso wichtig, wie das der technologischen Einzelheiten. Berechnungsmethoden, wie sie bei der spanabhebenden Fertigung gebräuchlich sind, fehlen leider in der Freiformschmiede. Das Arbeitsprogramm ist oft sehr vielseitig. Pressen, Hämmer, Öfen und Werkzeuge haben allgemeinen Charakter. Persönliche Einstellung, geistige Fähigkeiten, Gesundheit und fachliches Können des Schmiedes beeinflussen den Arbeitsablauf viel stärker, als dies bei den andern industriellen Erzeugungsmethoden der Fall ist. Wenn man deshalb, wie dies noch oft anzutreffen ist, die Löhne als Grundlage für den ganzen Kostenaufbau nimmt, indem man die anderen Kosten, mit Ausnahme des Materials, als Zuschläge verrechnet, so werden die Ergebnisse nur gelegentlich und zufällig mit den wirklichen Verhältnissen übereinstimmen. Nur durch eine Erfassung der Kosten in vernünftiger Unterteilung gelangt man in die Lage, den Kostenaufbau der Wirklichkeit entsprechend und durchsichtiger zu gestalten.

Bei Einzelanfertigung kleinerer Stücke verbietet sich eine so umfangreiche Kostenaufstellung für den Einzelfall von selbst. Man wird hier so vorgehen, daß man das ganze Arbeitsprogramm systematisch nach preisbestimmenden Faktoren unterteilt. Zunächst wird eine Aufteilung nach der Zahl der benötigten Wärmen erforderlich sein. Innerhalb dieser Gruppen wird man dann nach den Betriebsmitteln unterscheiden und damit wahrscheinlich auch schon gleich die Lohnverschiedenheiten mit erfassen. Es entsteht auf diese Weise in kurzer Zeit eine Unterlagensammlung, mit deren Hilfe es möglich ist, fast für jedes Stück durch Ermittlung der seinen Eigenarten entsprechenden Gruppe die Kosten festzustellen. Für die Kostenermittlung in den einzelnen Gruppen sollte die eingangs dieses Abschnitts angegebene Unterteilung zugrunde gelegt werden. Selbstverständlich müssen die Kosten aus den vorhandenen Betriebsunterlagen entnommen oder durch den wirklichen Verhältnissen entsprechende längere Versuche festgestellt werden. Schätzungen (selbst bester Fachleute) führen zu falschen Unterlagen. Die Unterlagensammlung selbst muß in ihren Einzelheiten von Zeit zu Zeit genauestens nachgeprüft werden.

20. Gewichtsbestimmungen. Das Gewicht des bearbeiteten Stückes wird nach den Zeichnungsmaßen errechnet. Es kann sich hierbei um das Gewicht nach den

Vorbearbeitungs- als auch nach den Fertigmaßen und auch um ein solches handeln, das teils mit Vorbearbeitungs- und Fertigmaßen errechnet wurde.

Schmiedegewicht ist das Gewicht des fertiggeschmiedeten Stückes einschließlich gegebenenfalls angeschmiedeter Probestücke. Es ist zu unterscheiden zwischen errechnetem und gewogenem Schmiedegewicht.

Schmiedeliefergewicht ist das auf der Waage ermittelte Gewicht des Schmiedestückes bei der Ablieferung.

Rohgewicht ist das Gewicht des Werkstoffes, der für die Herstellung des Schmiedestückes einschließlich etwa vorgesehener Probestücke notwendig ist.

Einsatzgewicht ist das Gewicht des in den Ofen eingesetzten Materials. Es kann sich um Rohblöcke, vorgeschmiedete oder vorgewalzte Blöcke handeln, aus denen ein oder mehrere Teile hergestellt werden.

Abbrandgewicht nennt man die Gewichtsverminderung, die sich durch Verzundern und Abschmelzen ergibt. Der Abbrand ist abhängig von Anzahl und Dauer der Wärmen, von Ofenatmosphäre, Temperaturhöhe und Größe der Oberfläche. Die Höhe des Abbrandes schwankt sehr, allgemeingültige Angaben lassen sich nicht machen. Durch entsprechende Reihenversuche (keine Einzelversuche) müssen die den besonderen Verhältnissen des Betriebes angepaßten Werte ermittelt werden.

In manchen Fällen überschneiden sich die Gewichtsbegriffe. So wird oft das Schmiedegewicht gleich dem Schmiedeliefergewicht und das Rohgewicht gleich dem Einsatzgewicht sein. Bei der Gewichtsermittelung kleinerer Stücke mit verwickelten Formen, die in größeren Mengen hergestellt werden, wird man an Stelle schwieriger Rechnungen oft schneller durch ein Modell zum Ziele kommen.

III. Beispiele von Schmiedestücken.

A. Arbeitsgeräte.

21. Zimmermannswinkel. Die Zimmerleute und Bautischler bevorzugen Stahlwinkel, deren Schenkel an der Winkelstelle starr, in einem gewissen Abstand aber federnd und schmiegsam sind; dabei soll so ein großer Winkel möglichst leicht

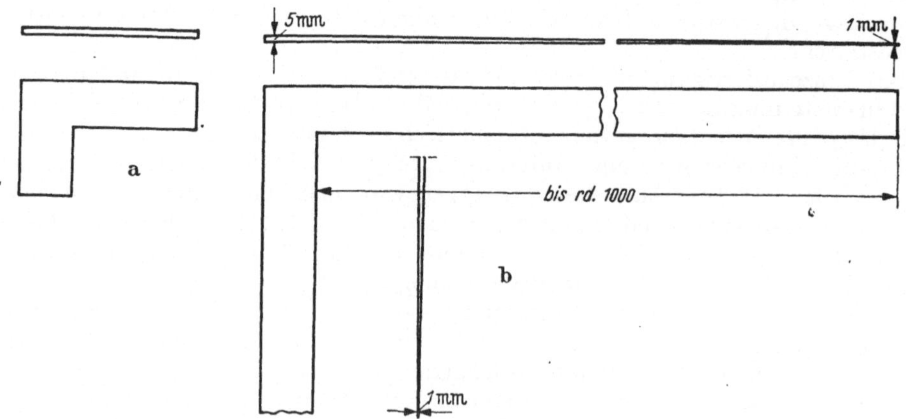

Abb. 24. Zimmermannswinkel. *a* aus Bandstahl ausgestanzt; *b* fertig ausgeschmiedet.

sein. Früher wurden diese Winkel durch rechtwinkliges Zusammenschweißen zweier Flachstähle und Ausstrecken der Schenkel hergestellt. Heute stanzt man aus Bandstahl Winkelstücke aus und schmiedet die Schenkel dann unter dem Hammer dünn aus. Die Stärke des Bandstahls ist gleich der größten Stärke des

Winkels, etwa 5 mm, die Winkelenden werden bis auf nahezu 1,5 mm heruntergeschmiedet. Wenn auch die Schenkel überschliffen werden, so muß der Schmied doch sehr saubere Arbeit liefern. Das Zurückschmieden des Dranges erfordert bei derartig geringer Materialstärke einige Übung. Die Hammersättel müssen sauber parallel schlagend eingebaut sein, Bär und Führung dürfen nur geringes Spiel haben, da sich das Stück sonst infolge der einseitigen Schläge beim Strecken nicht gerade halten läßt. Die Schenkel würden sich auch walzen lassen; die geringen Stückzahlen lassen aber eine solche kostspielige Sondereinrichtung nicht zu.

22. Hacke für Land- und Forstwirtschaft (Abb. 25). Wie bei allen der Land- und Forstwirtschaft dienenden Werkzeugen bestehen auch hier zahlreiche Formen. Im Süden Deutschlands nennt man diese Werkzeuge auch Hauen. Die Formunterschiede erstrecken sich fast nur auf die Einzelheiten des Blattes. Maßgebend sind Verwendungszweck, Bodenart und Körperkraft des Arbeiters und nicht, wie man häufig auf der Erzeugerseite hört, die Rückständigkeit der Landbevölkerung. Nur im Rahmen sachlicher und wissenschaftlicher Erprobung, wie dies bei uns schon seit langem geschieht, lassen sich die besten Formen herausarbeiten.

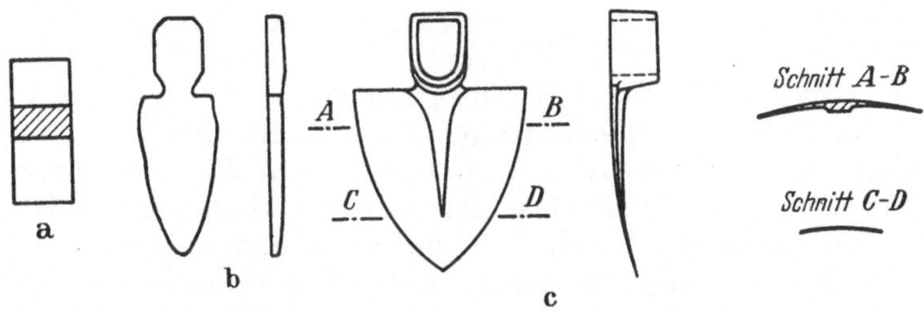

Abb. 25. Hacke für Land- und Forstwirtschaft. *a* Einzelblöckchen; *b* Vorform; *c* fertige Hacke.

Ausgangsmaterial ist gewalzter Stabstahl in den Maßen von etwa 45 × 20 bis 60 × 30 mm. Nachdem die Stäbe unter der Schere in Einzelblöckchen *a* aufgeteilt sind, wird in der ersten Wärme die Vorform *b* geschmiedet. Die Festlegung der Vorformmaße und die Einhaltung beim Schmieden ist von größter Wichtigkeit. Der Werkstoff muß beim Vorschmieden so verteilt werden, daß beim späteren Breiten die Form voll wird, ohne daß viel Abfall durch Beschneiden entsteht. Die Augen, auch Öhre genannt, werden, von wenigen Ausnahmen abgesehen, gesenkgepreßt. Fälschlicherweise wird dieser Vorgang mit Ziehen bezeichnet; in Wirklichkeit hat das Verfahren mit dem bei der Rohr-, Flaschen- und Hohlkörperfertigung charakteristischen Arbeitsgang des Ziehens nichts zu tun. Die Form der Augen ist auf eine runde und eckige bei drei verschiedenen Durchmessern beschränkt. Nach dem Breiten erfolgt am offenen Feuer und Amboß das Richten. Hierbei werden mit einigen wenigen Schlägen Blatt und Auge in die richtige Stellung zueinander gebracht. Bei Hacken mit größeren Blattformen findet noch ein Überschmieden in nur rotwarmem Zustande statt, wodurch die Oberfläche geglättet und dem Blatt die im allgemeinen nach zwei Richtungen gewölbte Form gegeben wird (Abb. 25).

23. Maurerkelle. Eine Maurerkelle (Abb. 26) soll bei großer Festigkeit federnd, schmiegsam und dabei leicht sein. Der deutsche Maurer wünscht ferner eine scharfe harte Ecke, damit er beim Mauern normale Ziegelsteine mit der Kelle durchschlagen kann. Solange es Stahlblech gibt, werden neben den geschmiedeten Kellen auch solche aus Blech gefertigt; einen erheblichen Anteil konnten diese jedoch an der Gesamterzeugung nicht gewinnen.

Als Ausgangsmaterial nimmt man Flachstahl *a* mit einem Querschnitt von etwa 30 × 15 mm. An den auf Gewicht zugeschnittenen Blöckchen wird in der ersten Wärme die Angel *b* und in der zweiten Wärme das Blatt *c* geschmiedet. Großflächige Kellen erfordern zum Breiten auch noch eine weitere Wärme. Die dünn ausgestreckte Angel würde sich beim Breiten mit der Zange schlecht halten lassen. Beim Angelschmieden oder vor dem Breiten biegt man deshalb die Spitze in einiger Entfernung vom Ende rechtwinklig um und verwendet eine Zange, welche eine seitliche Öffnung zur Aufnahme hat. Interessant ist bei den Maurerkellen die Querschnittsverteilung. An der Stelle, wo die Angel ansetzt (*d*), ist das Blatt stärker und daher starr, während es nach den Kanten hin dünner ausgeschmiedet wird, damit diese Stellen federn. Nach dem Beschneiden wird das Blatt gerichtet und geschliffen. Hieran schließen sich Angelstellen, Härten, Anlassen und eine Reihe verschiedenartiger Verfeinerungsarbeiten.

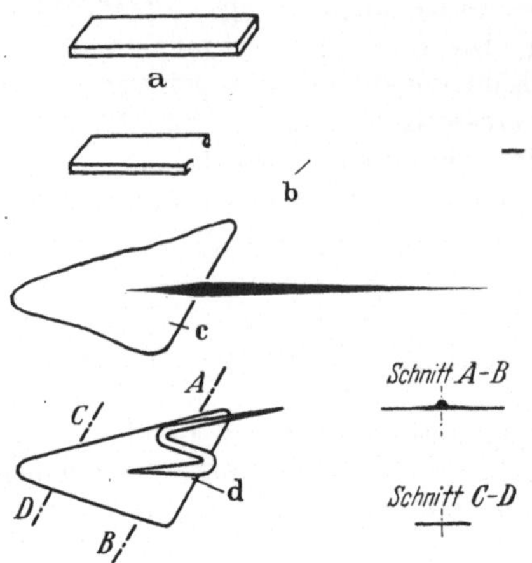

Abb. 26. Maurerkelle. *a* Flachstahl; *b* Ausschmieden der Angel; *c* Schmieden des Blattes; *d* fertige Kelle.

24. Sensen. In der Sense (Abb. 27) haben wir ein Beispiel dafür, wie sich ein Werkzeug jahrhundertelang in fast gleicher Form erhalten hat und die moderne Technik die alte überlieferte Formgebung nur wenig ändern konnte. Es gibt zwar eine Reihe in Breite, Länge und den Blattmaßen verschiedener Sensen; ihre grundsätzliche Form aber ist die unseres Wissens einmalige Sensenform. Die Mähmaschine hat die Sense von den großen Flächen verdrängt, die kleinen Schläge im bergigen Gelände werden ihr aber wohl immer erhalten bleiben.

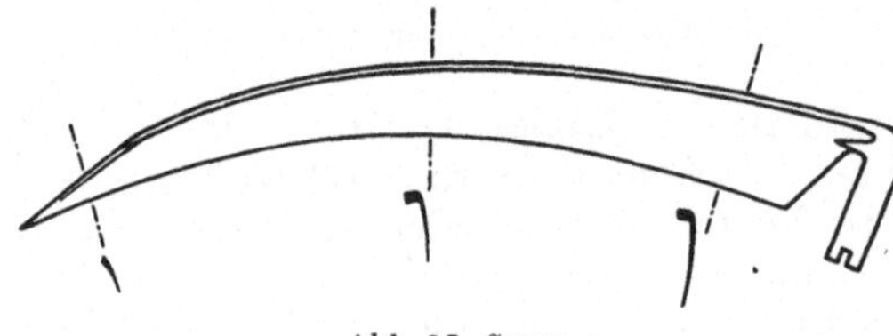
Abb. 27. Sense.

Die Arbeitsweisen der einzelnen Sensenschmieden weichen wenig voneinander ab. In Süddeutschland und Östreich arbeitet man fast ausschließlich mit Schwanzhämmern, in Westdeutschland verwendet man verschiedentlich auch Lufthämmer. Die Verwendung der alten Schwanzhämmer darf nicht als rückständig angesehen werden; ihre Wirtschaftlichkeit und Zweckmäßigkeit steht unter bestimmten Voraussetzungen außer Zweifel.

Das Sensenblatt hat messerförmigen, der Rücken trapezartigen Querschnitt (Abb. 27). Das Ausgangsmaterial der meisten Sensenschmieden ist Stabstahl *a* (Abb. 28) mit einem Querschnitt von 25 bis 35 × 15 mm. In der ersten Wärme wird aus dem Flachstab die Vorform *b* für Blatt und Rücken gebildet und zwar in der Länge der fertigen Sense, da späterhin nur noch gebreitet wird. Den wechselnden Querschnitten von Blatt und Rücken muß die Werkstoffverteilung der Vorform entsprechen; Stärke und Breite ändern sich von der Hamme bis zur Spitze. In einer weiteren Wärme erfolgt die Herstellung der Hamme *c*. Zuerst wird das äußere Hammenende auf Maß geschmiedet, wobei der Schmied an der Stelle, an der die Biegung stattfinden soll, eine Verdickung stehen läßt. Mit einigen geschickten Schlägen auf diese verdickte Stelle treibt er dann die Hamme herum, in die rechtwinklige Lage zum Blatt. Da diese Arbeit eine längere Übung erfordert, wofür die Zeit nicht immer zur Verfügung steht, arbeitet man in manchen Werken so, daß der Schmied das Hammenende in einer am Hammer angebrachten Öse umbiegt und dann ausstreckt. In der darauf folgenden Wärme wird der Rücken angesetzt, nachdem der Helfer, bevor er dem Schmied das Stück reicht, diesem auf dem Amboß eine Krümmung gegeben hat (*d* in Abb. 28). Beim Rükkenansetzen führt der Schmied die Vorform so, daß die Hammerschläge genau in einem bestimmten Abstand (gleich der Dicke des Sensenrückens) parallel zur Kante fallen. Auf diese Weise zieht der Schmied mit dem Obersattel (der Sensenschmied nennt ihn auch Oberkern) eine Nute von der Hamme zur Spitze und verbreitert diese. Je nach Länge und Breite des Blattes muß zwei- bis viermal nachgewärmt werden. Wichtig ist beim Breiten die Form des Obersattels. Dieser muß an der Seite, an welcher der Sensenrücken stehen bleibt, eine bestimmte Abschrägung haben, während Auftreff-Fläche und Abrundungen ganz bestimmten Anforderungen genügen müssen. Die Breitarbeit stellt große Ansprüche an Aufmerksamkeit und Geschicklichkeit. Die Hämmer laufen in der Regel durch; während die eine Hand das Stück bei den letzten Schlägen führt, greift die andere schon nach dem neuen, ohne einen Schlag auszusetzen. Der Schmied sitzt bei der Arbeit und bekommt die einzelnen „Wärmen" vom Helfer angereicht.

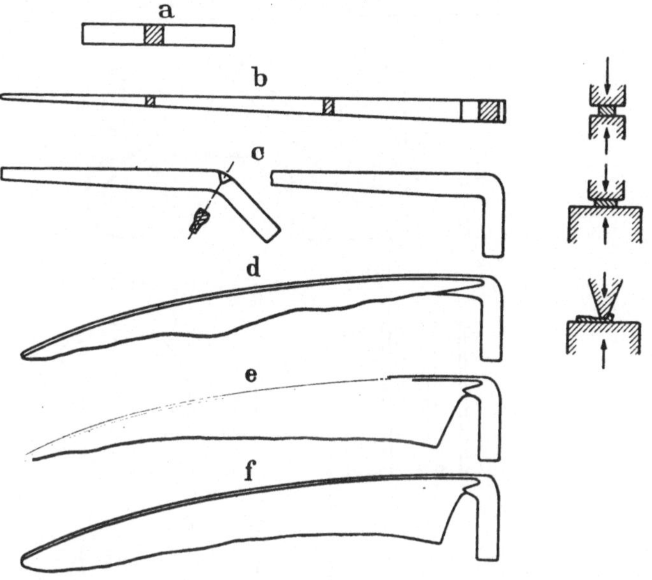

Abb. 28. Schmieden einer Sense. *a* Stabstahl; *b* Vorform; *c* Herstellung der Hamme; *d* Ansetzen des Rückens; *e* u. *f* Breiten des Blattes.

Die hohen Anforderungen an das fachliche Können und das physische Leistungsvermögen der Schmiede, eine gewisse Eintönigkeit der Arbeit mögen neben anderem der Grund sein, daß der Nachwuchs in der Sensenschmiede seit vielen Jahren unzureichend ist. Man hat zahlreiche Versuche zur Mechanisierung des Herstellungsverfahrens unternommen; sie haben alle keine durchgreifende Änderung gebracht. Das nachfolgend beschriebene Verfahren zur Herstellung der Vorform hat sich auch nur wenig durchsetzen können.

Ausgangswerkstoff ist Stabstahl mit einem Querschnitt von 45×5 bis 50×6 mm. Durch einen Formschnitt wird der Stab so getrennt, daß zwei Stücke entstehen, bei welchen der Werkstoff den Anforderungen von Hamme, Blatt und Rücken entsprechend verteilt ist (*a* in Abb. 29). Hamme und Blatt werden durch Walzen verlängert. Zum Auswalzen der Hamme dient ein Stirnwalzenpaar, wovon die eine Walze kaliberartig ausgearbeitet, die andere zylindrisch ist (*b*). Zum Umbiegen der Hamme werden 5 bis 10 Stücke in einem Paket zusammengefaßt und unter der Presse *c* gebogen. Das Blatt wird auf einer Schmiedewalze ausgewalzt mit Walzen, die mehrere Kaliber enthalten (*d*). Wenn dieses Verfahren auch hochqualifizierte Fachkräfte weitgehend entbehrlich macht, so bringt seine Einführung doch erhebliche technische Entwicklungsarbeit mit sich.

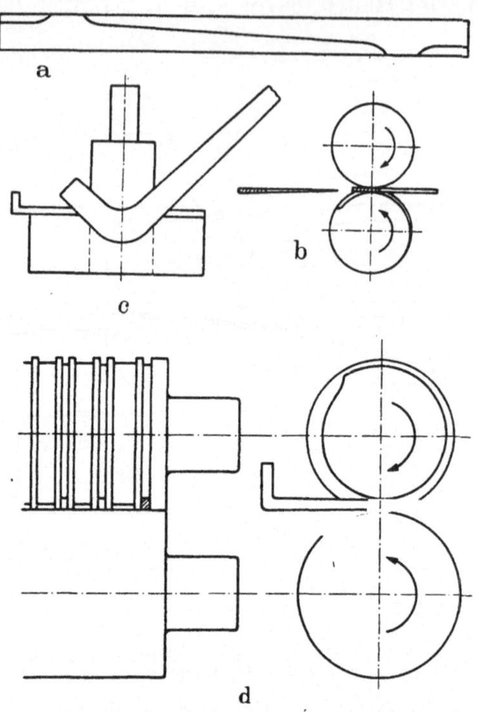

Abb. 29. Mechanisiertes Sensenschmieden. *a* Zuschnitt aus Flachstahl; *b* Auswalzen der Hamme; *c* Umbiegen der Hamme; *d* Auswalzen des Blattes.

Eine grundsätzliche Änderung der ganzen Sensenherstellung ergibt das in den letzten Jahren entwickelte Verfahren, Sensen mittels Stanzen, Schweißen und Prägen aus Stahlblech und Stabstahl herzustellen, dessen Anlaufschwierigkeiten jedoch noch längst nicht überwunden sind.

25. Holzbohrer. Ein sehr altes Erzeugnis der Schmiede ist auch der Schlangenbohrer, so recht ein Arbeitsstück für den Kleinstbetrieb. Die moderne Technik hat dem Schlangenbohrer zwar auch schon einige Konkurrenten geschenkt, deren Vorteil es ist, daß sie sich fast ganz maschinell fertigen lassen, doch scheint der alte Schlangenbohrer diesen gegenüber noch einige Vorteile zu haben, denn er wird noch in zahlreichen Kleinbetrieben des Bergischen Landes hergestellt (Abb. 30).

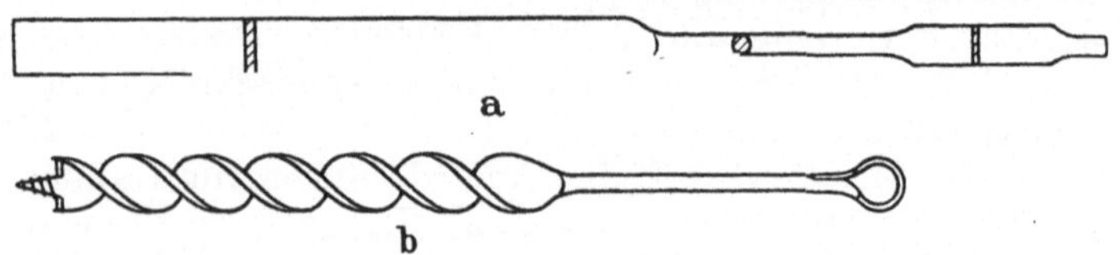

Abb. 30. Holzbohrer (Schlangenbohrer). *a* Schmiedevorgang; *b* fertiger Bohrer.

Ausgangsmaterial ist Stabstahl von rechteckig-flachem oder quadratischem Querschnitt, dessen Abmessungen sich nach dem Bohrerdurchmesser richten. Man geht sowohl von der Abmessung des gewundenen Teiles, als auch von derjenigen der Stange, welche quadratisch oder rund ist, aus. Im ersteren Falle verwendet man einen flachen Querschnitt, der für die Windungen dünner gestreckt und für die Stange rund oder quadratisch geschmiedet wird (*a* in Abb. 30). Manche Hersteller schmieden auch den verwundenen Teil und die Stange getrennt und schweißen die Stücke zusammen. Nach dem Verdrehen schmiedet man mit dem Handhammer die Schneiden und die Gewindespitze aus; in der Sprache der Bohrerschmiede: er macht die Frazzen. Das Verdrehen geschieht am Amboß, wobei der Schmied das vordere Ende im Anboßstöckchen festhält. Bei Bohrern, die einen Holzknebel erhalten, wird am Ende der Stange noch ein Auge angeschmiedet. Zu diesem Zweck muß die Stelle flach geschmiedet, zum Auge eingerollt und verschweißt werden.

B. Konstruktionsteile zur Lastaufnahme.

26. Feuergeschweißte Ketten. Es läßt sich heute schon sagen, daß in wenigen Jahren die Handfertigung von Ketten ihr Ende finden wird. Allgemein werden heute Ketten bis 38 mm ∅ mittels elektrischer Widerstands-Stumpfschweißung und solche bis 100 mm ∅ durch Abbrenn-Stumpfschweißung geschweißt. Die Maschine arbeitet gleichmäßiger als der Mensch. Die Fertigung von Hand bleibt immer den wechselnden menschlichen Einflüssen und ihren großen Fehlerquellen ausgesetzt. Auch brauchen bei der maschinellen Schweißung nicht die hohen Ansprüche an den Reinheitsgrad des Stahles gestellt zu werden, wie dies für die Handfertigung nötig ist. Bei den großen Abmessungen ist auch der maschinell hergestellten Kette in der Stahlgußkette bereits ein Konkurrent entstanden. Wie bei allen Maschinen, welche Massenartikel herstellen, hängt auch bei den großen Schweißmaschinen die Rentabilität von der möglichen Ausnutzung, also der Menge der zur Verfügung stehenden Aufträge ab. Für die größten Abmessungen, z. B. Ankerketten für große Schiffe, Lastketten für schwerste warme Rohblöcke, scheint zur Zeit eine Rentabilität der hierfür nötigen sehr großen Anlagen noch nicht gegeben; sie werden noch von Hand geschweißt.

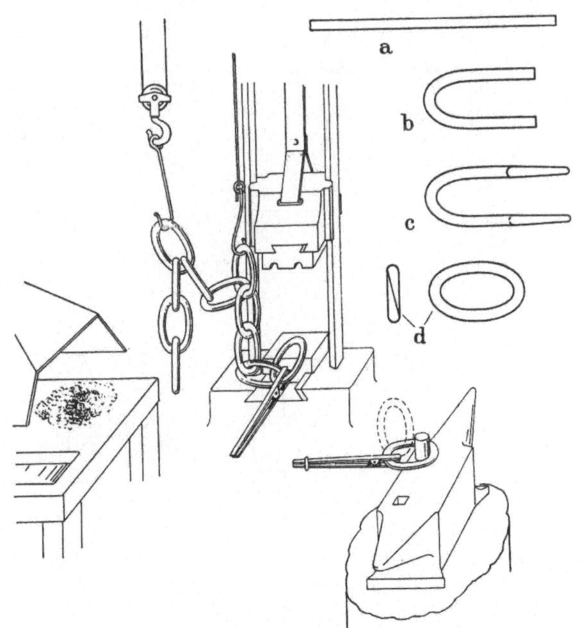

Abb. 31. Herstellung feuergeschweißter Ketten. *a* Stabeisen; *b* U-Form; *c* Anschärfen; *d* angeschärfte Enden umgebogen.

Die großen Ketten werden in folgender Weise hergestellt: Das Stabeisen *a* (Abb. 31) wird auf eine Länge geschnitten, welche sich aus den Teilungsmaßen der Kette (innere Gliedlänge) ergibt. Das Vorbiegen in die U-Form erfolgt bei den größeren Abmessungen warm unter einer Presse (*b*). Die Enden der vorgebogenen Stücke werden erwärmt und unter dem Abschärfhammer (Fall- oder Lufthammer) angeschärft (*c*). Ein so vorgearbeitetes Stück wird in das letzte

Glied der bereits fertigen Kette eingehängt, die angeschärften Enden auf dem Horn umgebogen und fest aufeinander geschmiedet (*d*). Die Schweißstelle wird nun im Koksfeuer auf Schweißhitze gebracht und auf dem Amboß kräftig durchgeschmiedet, damit die Schlacke heraustritt und die Stelle verschweißt. Gut warm wird dann die Schweißstelle im Gesenk unter dem Fallhammer nachgeschlagen und abgeschlichtet. Glieder schwerer Ketten können bis zu 70 kg wiegen. Nach dem Durchstecken des neuen Gliedes durch das letzte der fertigen Kette muß ein Teil dieser (oft einige Zentner) zwischen Feuer, Amboß und Fallhammer bewegt werden. Leicht bewegliche und gut zu handhabende Züge sind erforderlich, um die Arbeit überhaupt zustande zu bringen, aber trotz bester Hilfsmittel und Einrichtungen bleibt das Feuerschweißen großer Ketten eine der schwersten Arbeiten der Freiformschmiede.

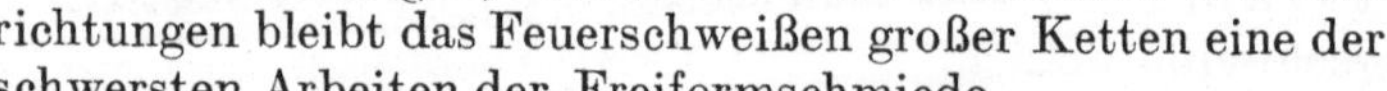

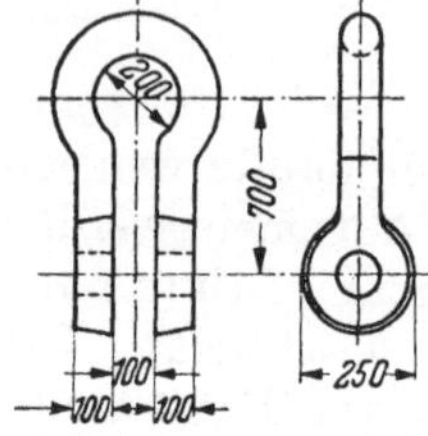

Abb. 32. Großer Schäkel.

27. Große Schäkel. Auch große Schäkel lassen sich zwar heute schon gesenkgeschmiedet herstellen, aber kleine Stückzahlen, erhebliche Vorschmiedekosten bei großen Aufwendungen für Gesenke und Abgratwerkzeuge und hohe Maschinenkosten werden auch noch weiterhin der Grund für die Fertigung dieser Schäkel (Abb. 32) in der Freiformschmiede sein. Um mechanische Bearbeitung zu sparen, werden die Köpfe in ein einseitiges Gesenk geschlagen. Für die Vorform der Köpfe benötigt der Schmied deshalb eine Schablone.

Ausgangswerkstoff ist vorgewalztes Vierkantmaterial. In der ersten Wärme wird das zylindrische Mittelstück nach vorherigem Einkerben mit dem Dreikant-

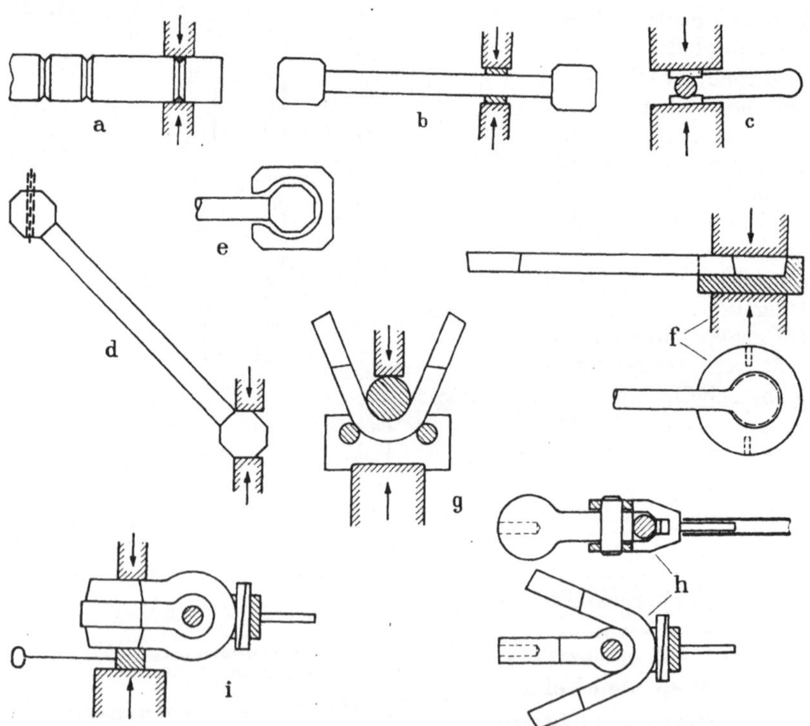

Abb. 33. Herstellung eines großen Schäkels. *a* Einkerben des Ausgangswerkstoffes; *b* Ausschmieden des Mittelstückes; *c* Schlichten mit der Schlichtklemme; *d* Vorform der Köpfe; *e* Lehre; *f* einseitiges Gesenk; *g* Vorbiegen des Mittelteiles; *h* Einspannen; *i* Fertigbiegen.

eisen (*a* in Abb. 33) geschmiedet (*b*) und mit der runden Schlichtklemme (*c*) sauber überschlichtet. Durch Kantenbrechen und Abtrennen des überstehenden Werkstoffes wird die Vorform der Köpfe gebildet (*d*). Diese werden zur Ersparnis mechanischer Bearbeitung in ein einseitiges Gesenk geschlagen (*f*) und mittels Autogenbrenner entgratet, nötigenfalls mit dem Preßlufthammer und Schleifstein verputzt. Die vorgeschmiedeten Köpfe müssen gut ins Gesenk gehen. Der Schmied braucht für die Vorform der Köpfe eine Schablone. Zweckmäßig prüft er die Stücke während des Schmiedens mit einer Lehre *e* nach. Die inneren Maße der Lehre entsprechen denen des Gesenkes.

Das Biegen erfolgt von der Mitte aus unter Zuhilfenahme eines Biegeklotzes und eines Dornes mit Stiel (*g*). Damit das Werkstück beim Nach- und Fertigbiegen in der Schäkelöffnung festliegt, wird es durch Bügel und Keile angezogen (*h*). Zur leichteren Handhabung hat der Bügel einen Dorn, auf den sich ein Rohr stecken läßt. Um das Einschirren des Bügels zu erleichtern, wurde der Dorn beim Vorbiegen bereits einige Millimeter größer wie der Durchmesser des Leistens genommen. Das Fertigbiegen erfolgt unter dem Hammer mit leichten drückenden Schlägen (*i*).

28. Große Lasthaken. Lasthaken für Belastungen bis 20 t werden gesenkgeschmiedet, sofern die Auftragsmenge dies rechtfertigt. Stärkere Haken und

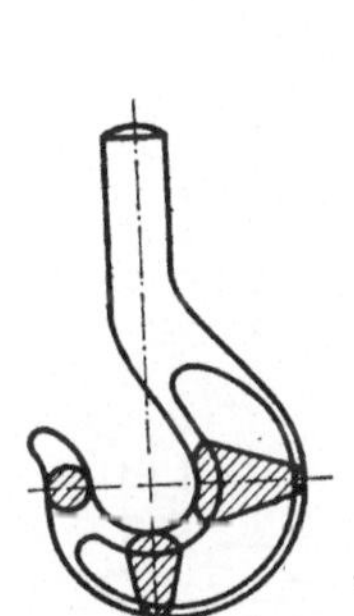

Abb. 34. Einfachhaken.

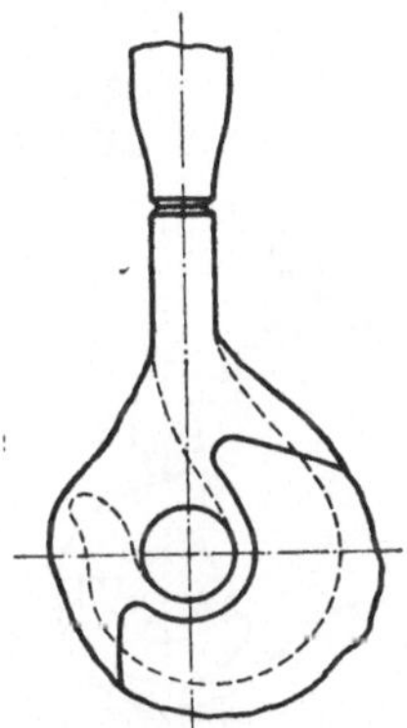

Abb. 35. Einfachhaken als Platte geschmiedet und dann autogen ausgebrannt.

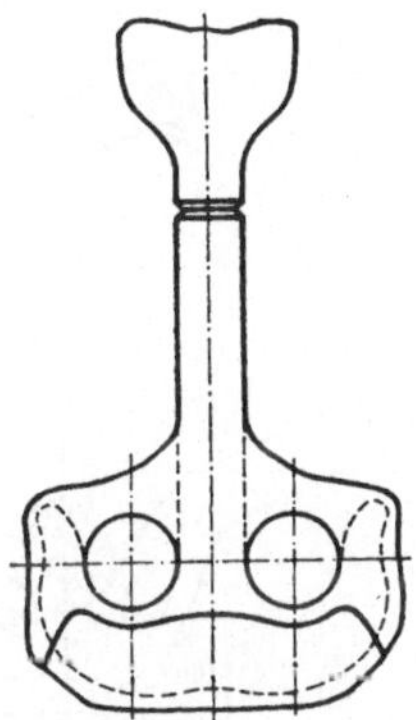

Abb. 36. Doppelhaken als Platte geschmiedet und dann autogen ausgebrannt.

Einzelstücke für geringere Belastungen müssen freiformgeschmiedet werden. In den letzten Jahren wurden Einfachhaken bis zu 180 t und Doppelhaken bis zu 350 t Tragfähigkeit geschmiedet. Große Einfachhaken (Abb. 34) lassen sich auf zweierlei Art herstellen. Doppelhaken nur nach dem unter *a* zu beschreibenden Verfahren.

a) Man schmiedet den Haken als „Platte“ (Abb. 35 u. 36) und brennt die eigentliche Form autogen aus. Die Hakenöffnung wird bei diesem Verfahren vorgelocht. Diese Herstellungsart hat große Mängel. Der Faserverlauf wird unterbrochen und der „Seigerungskranz“, das ist der vom Rohblock her am stärksten mit Unreinigkeiten durchsetzte Teil, angeschnitten, ein Umstand, der bei dem auf Biegung beanspruchten Hakenteil gelegentlich zur Rißbildung führen könnte. Unter keinen Umständen sollte bei diesem Herstellungsverfahren der Werkstoff aus der Nähe des verlorenen Kopfes genommen werden, da hier größere Unreinigkeiten vorhanden sind, die beim nachfolgenden Autogenschneiden oft schon aufplatzen. Zur Vermeidung von Spannungsanrissen sollte das Autogenbrennen erst dann vorgenommen werden, wenn das Stück auf dunkle Rotglut angewärmt ist. Mit besonders lang ausgeführten Brennern und nach vorherigem Abdecken mit Asbestplatten ist ein Arbeiten am größeren warmen Stück möglich.

b) Besser ist für Einfachhaken das nachstehend beschriebene *Biegeverfahren* (Abb. 37). Ausgangswerkstoff ist bei kleineren Abmessungen der vorgewalzte Vierkantblock, bei größeren der Rohblock. Die Vorform wird zunächst sorgfältig nach den im gebogenen Haken vorhandenen Querschnitten (Abb. 34) ermittelt. Außer einer Zeichnung über diese Vorform erhält der Schmied die Fertigzeichnung, eine Schablone der Hauptansicht und eine Lehre für die Querschnitte des Hakens (*h* in Abb. 37). In der ersten Wärme wird der zylindrische Teil und der Übergang

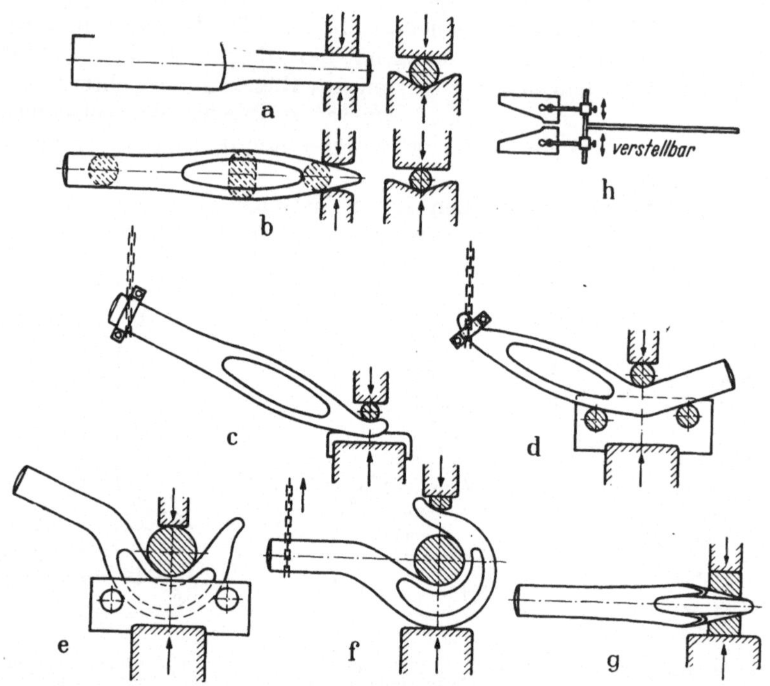

Abb. 37. Herstellungsgang eines Einfachhakens nach dem Biegeverfahren. *h* Lehre für die Querschnitte; *a* Vorschmieden des zylindrischen Teiles; *b* Schmieden des Biegeteiles; *c* Biegen der Spitze; *d* Biegen am Schaftteil; *e* Biegen der Mitte; *f* Fertigbiegen; *g* Fertigschmieden der Abschrägung.

zum trapezförmigen Querschnitt vorgeschmiedet (*a*). In der zweiten Wärme schmiedet man den Teil, der später gebogen wird (*b*). Vor dem Biegen ist es notwendig, den Haken auf etwaige Risse und sonstige Oberflächenfehler, welche sich beim Biegen erweitern könnten, abzusuchen und sie auszuschleifen. Das Biegen erfolgt von den Enden her; im allgemeinen wird zuerst die Spitze (*c*), dann die Stelle, wo sich der zylindrische Schaft anschließt (*d*), und hernach die Mitte (*e*) gebogen. Zum Biegen der Spitze verwendet der Schmied als Unterlage ein Biegegesenk, das der Hakenform entspricht. Mittels eines kurzen runden Dornes (mit Stiel) drückt er dann unter dem Hammer die Form zurecht (*e*). Größere Biegungen, wie die in *d* und *e* dargestellten, macht man in einem Biegeklotz, deren eine Schmiede, die häufiger solche Arbeiten ausführt, in der Regel mehrere besitzt. Die Biegungsstelle muß vor dem Biegen genau ermittelt und festgelegt werden. Besondere Aufmerksamkeit erfordert die Herstellung der Hauptbiegung (*e*). Der hierfür verwendete Dorn entspricht der Hakenöffnung. Unter Umständen empfiehlt sich die Verwendung mehrerer, verschieden weiter Biegeklötze. Ist die Biegung soweit erfolgt, daß man den Haken zwischen Ober- und Untersattel bringen kann, wird er unter Zuhilfenahme eines kurzen Dornes fertiggebogen, indem die Spitze nach abwärts gedrückt oder der Schaft nach aufwärts gebogen wird (*f*). Während des Biegens wird die Innenform mit der Schablone nachgeprüft. Zur Herstellung der Abschrägung bedient sich der Schmied verschiedener Legeisen mit Stiel. Zur Nachprüfung der Schrägen benutzt man eine verstellbare Lehre (*h*). Der fertiggeschmiedete Haken erfordert in der Regel noch ein Verputzen mit dem Preßlufthammer und dem Schleifstein. Je nach Größe verlangt die Arbeit an solchem Haken 6 bis 8 Wärmen. Die hierdurch hervorgerufenen Kristallisationsunterschiede und Spannungen müssen durch eine geeignete Glühbehandlung beseitigt werden.

B. Maschinenteile.

29. Doppelhebel. Der Hebel Abb. 38 ist vom Konstrukteur bereits schmiedegerecht konstruiert. Die Herstellung ist damit sehr vereinfacht. Der Hebel wird unter dem Hammer fertig geschmiedet und bedarf keiner nachträglichen Verfeinerung der Form. Ausgangswerkstoff ist der vorgewalzte Vierkantblock. Da auf besondere Verschmiedung keine Rücksicht genommen zu werden braucht, kann die Abmessung des Vierkantblockes dem größten Querschnittsmaß des Hebels angepaßt sein. Der Schmied erhält zur Herstellung je eine Schmiedeschablone vom Grundriß und der Seitenansicht. Es handelt sich hier um ein Stück, an welchem außer dem Bohren der Löcher keine weitere mechanische Bearbeitung vorgesehen ist. Es ist deshalb besonders darauf zu achten, daß die Absätze alle rechtwinklig zur Stückachse und parallel zueinander verlaufen. Auch muß genau gerechnet und eingekerbt werden, da sonst die Schenkel nicht maßgerecht ausfallen.

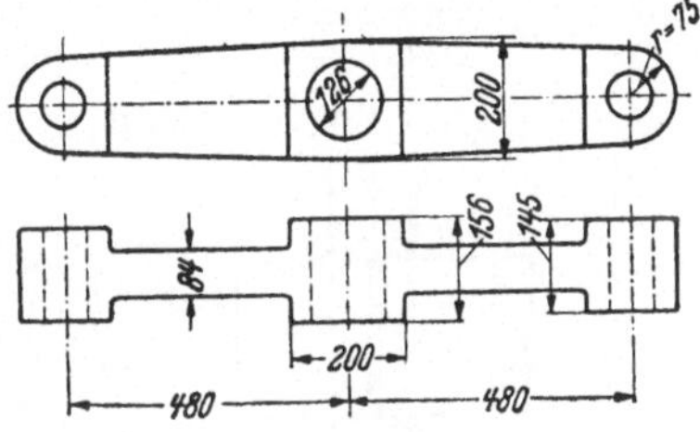

Abb. 38. Doppelhebel.

Nachdem der Block auf die Maße des Mittelteiles geschmiedet ist, zeichnet der Schmied mit dem „Draht" die Einkerbstellen an (*a* in Abb. 39), mißt schnell nach, berichtigt gegebenenfalls und kerbt dann mit dem Dreikantkerbeisen ein (*b*). Anschließend werden die Schenkel ausgestreckt und auf Maß geschmiedet, die schmalen Seitenflächen mit Legeisen geschlichtet (*c*). Um die Rundung der Köpfe herzustellen, setzt der Schmied die Schläge kreisförmig an, indem er nach jedem Schlag das Stück etwas vom

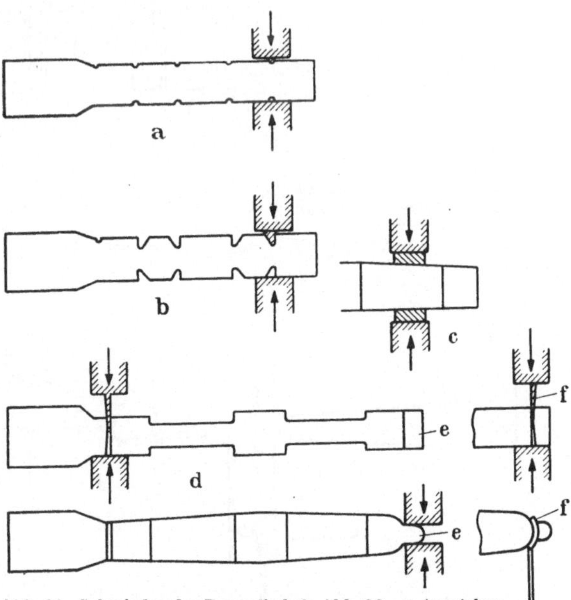

Abb. 39. Schmieden des Doppelhebels Abb. 38. *a* Anzeichen der Einkerbstellen; *b* Einkerben; *c* Schlichten der Seitenflächen mit Legeisen; *d* Abstechen vom Block; *e* Rundschmieden der Köpfe; *f* Abtrennen des Restes.

Sattel abzieht. Dabei wird das Stück verschiedentlich um 90° gewendet, um den Drang zurück zu schmieden, und um 180°, um die Form symmetrisch zu erhalten (*e*). Der Rest wird mit einem runden Messer abgetrennt (*f*). In der gleichen Weise verfährt der Schmied beim Fertigschmieden des andern Kopfes.

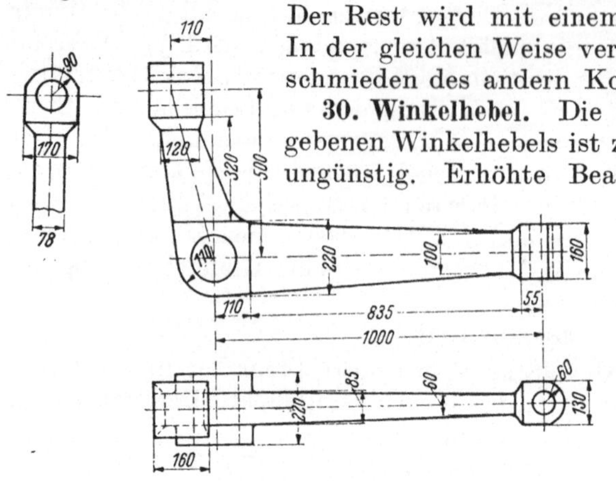

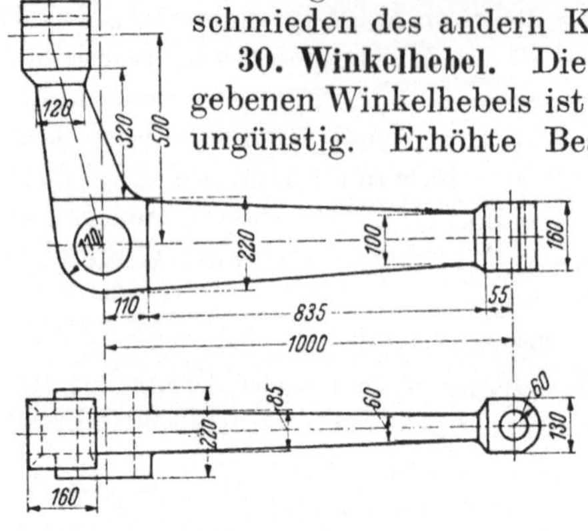

Abb. 40. Winkelhebel.

30. Winkelhebel. Die Form des in Abb. 40 wiedergegebenen Winkelhebels ist zum Schmieden verhältnismäßig ungünstig. Erhöhte Beanspruchungen, verbunden mit einem hohen Sicherheitsgrad, bestimmten den Konstrukteur, diesen Hebel schmieden zu lassen, anstatt ihn, wie ursprünglich vorgesehen, in Stahlguß zu bestellen. Die Form ist nicht durch Biegen, sondern nur durch Absetzen und Strecken herzustellen. Hierbei muß der kürzere Hebelarm quer

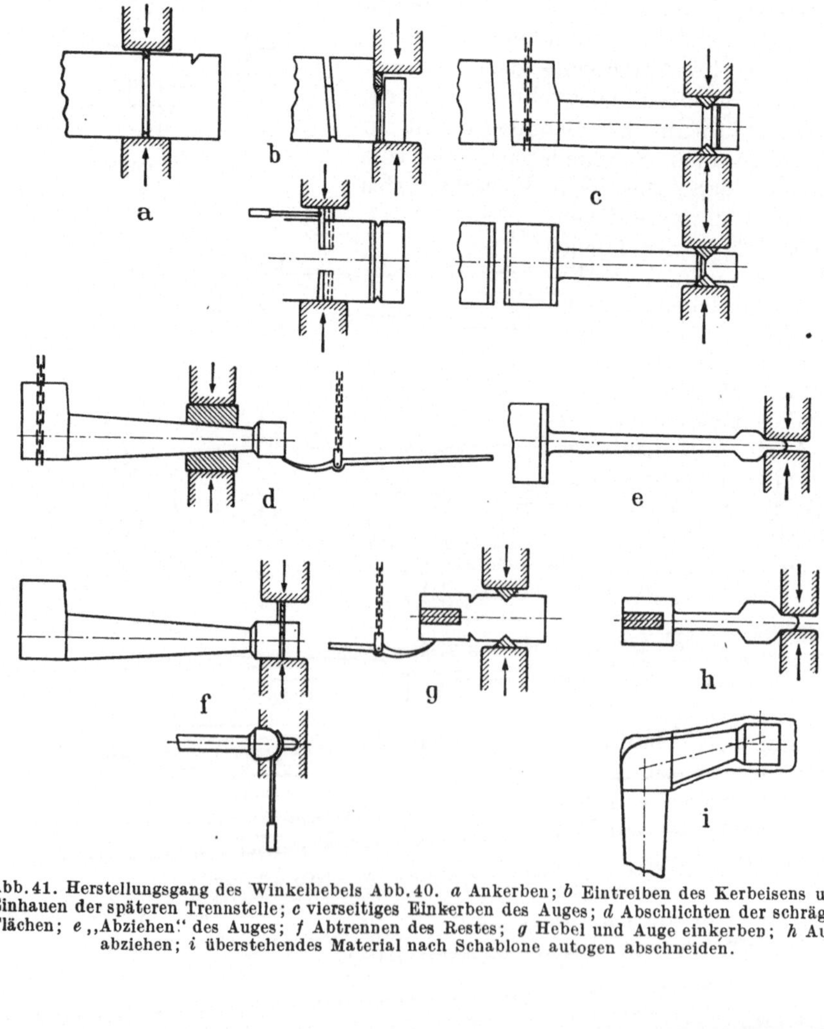

Abb. 41. Herstellungsgang des Winkelhebels Abb. 40. *a* Ankerben; *b* Eintreiben des Kerbeisens und Einhauen der späteren Trennstelle; *c* vierseitiges Einkerben des Auges; *d* Abschlichten der schrägen Flächen; *e* „Abziehen" des Auges; *f* Abtrennen des Restes; *g* Hebel und Auge einkerben; *h* Auge abziehen; *i* überstehendes Material nach Schablone autogen abschneiden.

aus dem Ausgangsquerschnitt heraus geschmiedet werden. In Ermangelung von rechtzeitig zu beschaffendem vorgewalztem Material wurde ein Schmiederohblock als Anfangsmaterial genommen und unter der Schmiedepresse auf die entsprechenden Maße vorgeschmiedet. Der Schmied erhielt außer der Zeichnung eine Schablone des ganzen Hebels und je eine von der Stirnansicht der Augen an den Hebelenden. Ferner erhielt er eine einfache zeichnerische Angabe über die Anbringung der Ankerbungen und des Absatzes zu Beginn der ersten Wärme. Zunächst wurde mit einem normalen Kerbeisen die Absatzstelle angekerbt (*a* in Abb. 41) und ein kurzer Absatz geschmiedet. Durch weiteres Einkerben mit einem Kerbeisen, dessen Querschnitt in Abb. 42 gezeigt ist, wurde dann ein schräger Absatz gebildet, der in seiner Richtung der des kleinen Hebelendes entsprach. Damit das Kerbeisen auch auf der schrägen Seite rutscht, ist es nötig, das Eisen mit leichten Schlägen einzutreiben (*b* in Abb. 41). Die quer zu der schrägen Absatzstelle anzubringenden Einkerbungen werden mit einem Dreikantkerbeisen gemacht. Vor dem Anschmieden des nun eingekerbten längeren Hebelarmes wurde die Trennstelle soweit eingehauen, daß die endgültige Trennung später leicht durchzuführen ist (*b* u. *c*). Nach dem Vorschmieden des Hebels auf etwa 220 × 130 mm (220 mm = größte Breite des Hebels, 130 mm = Dicke des Auges), wurde das Auge vierseitig eingekerbt (*c*) und roh auf Maß vorgeschmiedet. Vor dem Abschlichten der schrägen Flächen mit entsprechendem Legeisen (*d* in Abb. 41) wurde das Stück vom Block getrennt. Zum Fertigschmieden des Auges war eine kurze Nachwärmung notwendig. Zunächst waren die vier Längsseiten auf Maß zu schmieden, dann Hebel und Auge auszurichten und anschließend das Auge unter dem Hammer „abzuziehen" (*e*). Zum Schluß dieser Wärme wurde mit einem Rundmesser der überstehende Rest abgetrennt (*f*). Nun kam der Teil in den Ofen, aus dem der kürzere Hebelarm geschmiedet werden soll. Wegen der Unhandlichkeit ist eine Formgebung durch zweiseitiges Strecken nicht möglich. Es wurde deshalb zunächst auf die Höhe der Nabe geschmiedet und zwar gebreitet, also die Bahn des Obersattels quer zur Längsrichtung des Hebels. Dann wurde Hebel und Auge eingekerbt (*g*) und durch einseitiges Überschmieden auf richtige Dickenmaße gebracht, in der gleichen Wärme das Auge „abgezogen" (*h*) und alles nach der Schablone nachgerichtet. Auch zum Einkerben dieses Hebels erhielt der Schmied eine Skizze mit den nötigen Angaben. Das seitlich überstehende Material, der „Drang", wird autogen nach der Schablone abgetrennt (*i*). Nach dem Ausmessen erfolgte ein Nachputzen mit dem Preßlufthammer und Schleifstein.

Abb. 42. Kerbeisen.

31. Traverse. Von welchem Einfluß unter gewissen Umständen Herstellungszahl und Auftragshäufigkeit auf Form und Genauigkeit sein können, soll mit diesem Beispiel gezeigt werden. Bei Einzelherstellung läßt sich die lange Nabe in der Mitte der Traverse (Abb. 43) nicht unter dem Hammer rundschmieden. Der Schmied kann nur nach vorherigem, möglichst genauem Anzeichnen (*b* in Abb. 44) mit dem „Draht" (damit bei der großen Breite des Stückes die Einkerbungen auch möglichst winklig und parallel werden) durch Eindrücken der Dreikantkerbeisen der Nabe eine vieleckige Form geben (*c* in Abb. 44). Die kegeligen Flanschen werden bei der Einzelfertigung so hergestellt, daß der Schmied ein im Durchmesser noch passendes, aber an den Kanten stark abgenutztes Rundgesenk ein-

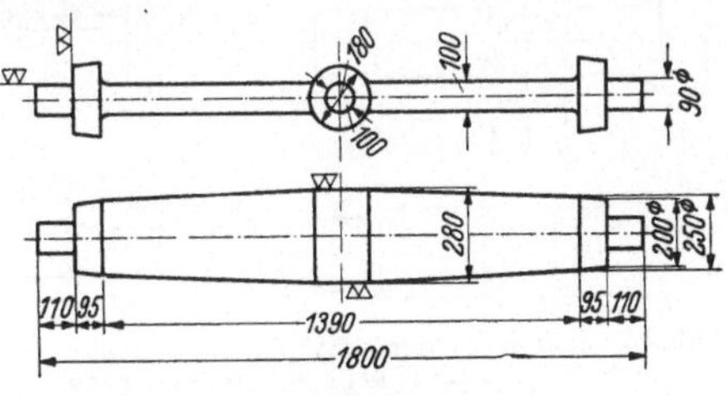

Abb. 43. Traverse.

baut (*f*) und mit leichten Schlägen vorschmiedet. Zum Schlichten benutzt man ein abgenutztes nicht zu breites Stielgesenk. Ein geschickter Schmied erzielt mit solchen Schmiedebehelfen eine zufriedenstellende Genauigkeit; die Oberflächenbeschaffenheit entspricht dem universellen Verwendungszweck der Werkzeuge. Größere Stückzahlen bieten bessere Möglichkeiten, auf die Formwünsche des Bestellers einzugehen. Das zweiteilige Gesenk (Abb. 45) ergibt eine maßgerechte und saubere Nabe, vorausgesetzt, daß es Führungen hat. Saubere kegelige Flanschen erzielt man mit einer eigens für diesen Zweck hergestellten „Kegelklemme" (Abb. 44*g*). Die Frage, von welcher Stückzahl ab Sonderwerkzeuge wirtschaftlich sind, ist nur durch Kostenvergleiche zu beantworten. Der sonstige Verformungsgang der Traverse, eines gewöhnlichen einfachen Schmiedestückes, geht aus der Abb. 44 hervor.

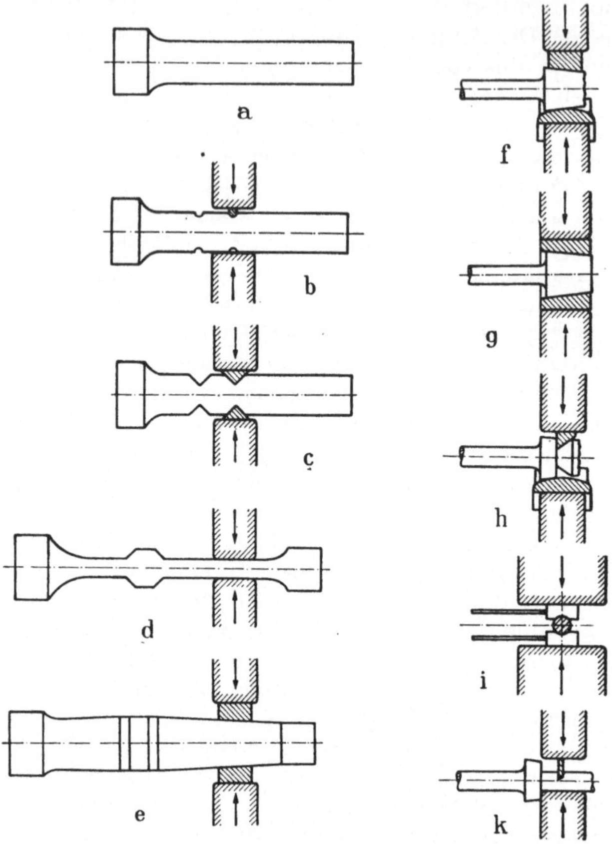

Abb. 44. Schmieden der Traverse Abb. 43 bei Einzelherstellung. *b* Anzeichnen; *c* Einkerben; *f* Schmieden der kegeligen Flanschen; *g* Schlichten dieser Flanschen.

32. Maßgenaue Wellen. Rundwellen, wenn sie nicht zu lang sind, gehören zu den einfachsten Arbeitsstücken der Freiformschmiede. Aus den Besprechungen, welche sich in Fachkreisen gelegentlich um Maßgenauigkeit und Oberflächenbeschaffenheit entwickeln, gewinnt man den Eindruck, daß auch einfache Stücke oft Schwierigkeiten bereiten können. Rundwellen sind Massenware, ähnlich dem Walzmaterial, und werden sowohl von den Handelsfirmen wie auch den Verbrauchern auf Lager gehalten. Der Verbraucher verlangt im allgemeinen exakt runde Stäbe, die vom Rohzustand aus mit Hartmetallschneiden bearbeitet werden können, also keine Unebenheiten haben dürfen, bei welchen die Werkzeugschneiden außer Eingriff kommen, da sonst der Hartmetallverbrauch zu groß wird. Für die Schmieden ergibt sich hieraus die Notwendigkeit, den Erzeugungsrahmen für Rundwellen nicht zu klein zu halten. Menschen, Maschinen, Öfen und Werkzeuge

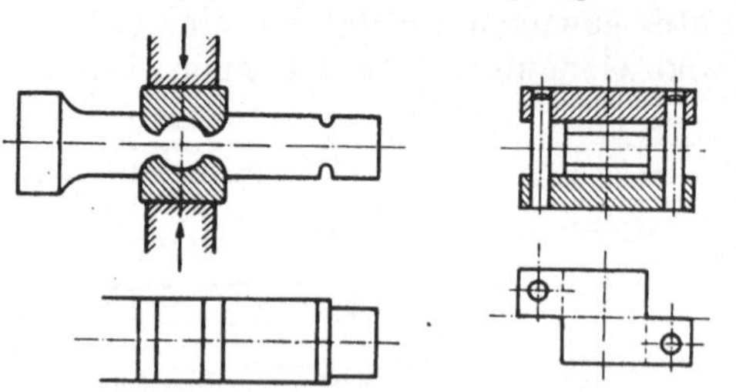

Abb. 45. Schmieden der Traverse Abb. 43 bei größeren Stückzahlen. *a* bis *f* Herstellungsgang.

können nur dann in das günstigste Verhältnis zueinander gebracht werden und maßgenaue, saubere Ware zu niedrigsten Herstellungskosten liefern, wenn dieselbe Form in möglichst großen Mengen hergestellt wird, wobei in diesem Falle noch wenig wechselnde Durchmesser und Längen der Arbeit besonders förderlich wären. Andere Maße erfordern andere Ausgangsquerschnitte, Werkzeuge, Berechnungen, Ofeneinteilungen usw. Die „Höchstform" bekommen Menschen und Dinge auch in der Schmiede erst nach einer gewissen Einlaufzeit; auch von einem Automaten erwartet man ja erst nach einer Reihe von Probestücken eine wirtschaftliche Fertigung. Wenn man deshalb glaubt, jeden Bedarf in Einzelstücken befriedigen zu müssen, so sollte dies von einem Lager aus geschehen.

Ausgangsmaterial sind sowohl Rohblöcke wie vorgewalzte Blöcke. Die Entscheidung für diese oder jene kann nur durch Gegenüberstellung der Herstellungskosten gefällt werden. Rohblöcke sind billiger, benötigen aber eine größere Verschmiedung (wenigstens zweifach), außerdem haben sie einen verlorenen Kopf und einen Fußschrott, welche zusammen 20 bis 25% des Gesamtgewichtes ausmachen können. Bei der Ermittlung der Herstellungskosten muß berücksichtigt werden, daß dieser Schrott eine höhere Anlieferungsfracht und erhöhte Transportkosten innerhalb des Betriebes verursacht, daß er mit gewärmt und verschmiedet werden muß. Bei der Verwendung von vorgewalzten Blöcken besteht das Schmieden nur in einem Umformen des vierkantigen Querschnittes in einen runden. Unter Umständen kann dies einen viel kleineren Hammer notwendig machen, als bei der Verschmiedung von Rohblöcken, bei gleichen Fertigmaßen.

Rundstäbe lassen sich sowohl unter Hämmern als auch unter Pressen schmieden. Ausschlaggebend ist neben der Anzahl der Schläge oder Hübe die Beweglichkeit der Hebezeuge. Auf die Maßgenauigkeit und die Sauberkeit der Rundwellen hat die Art der Maschine keinen Einfluß. Die in den letzten Jahren konstruierten kleineren Pressen vereinigen in sich die Vorzüge des Hammers und der Presse. Rundwellenschmieden bedeutet dauernd schwere Hebelarbeit, die zwar durch gute Hebezeuge gemildert, aber nur durch einen Schmiedemanipulator [1] wirklich abgestellt werden kann. Die Hebezeuge müssen starr, dürfen aber nicht zu schwerfällig sein, sonst hemmen sie die Arbeit. Die Schmiedemanipulatoren haben sich an Hämmern wegen der Schlagerschütterungen, denen sie gelegentlich ausgesetzt sind, nicht so gut bewährt wie an den Pressen. Hier leisten sie, ganz besonders beim Wellenschmieden, vortreffliches.

Eingangs wurde schon erwähnt, daß Maßgenauigkeit und glatte Oberfläche vom Verbraucher besonders aus Gründen der Hartmetallbenutzung gefordert werden. Mit Flach- und Spitzsattel läßt sich dieses Verlangen nicht erfüllen, im günstigsten Falle entsteht ein vieleckiger Stab. Zum Nachschlagen oder Schlichten gehören Schlichtwerkzeuge, welche aus einem in den Spitzsattel passenden Rundeinsatz und Obergesenk bestehen (Abb. 46). Solche Gesenke werden ohne mechanische Bearbeitung, für jede Abmessung besonders, in der Schmiede

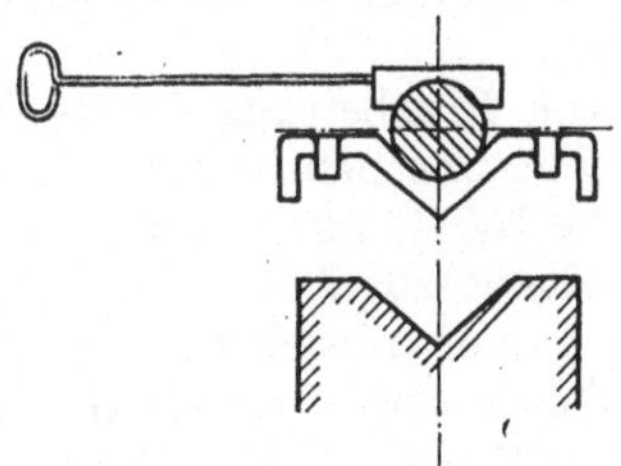

Abb. 46. Schlichtwerkzeug zum Rundschmieden.

[1] Schmiedemanipulator ist eine frei oder auf Schienen fahrbare, im allgemeinen in Höhe der Hüttensohle arbeitende maschinelle Einrichtung, die das Schmiedestück zangenartig aufnimmt und die beim Schmieden nötigen Bewegungen mit dem Stück ausführt. Eine solche Maschine, in der Regel von einem Mann gesteuert, ermöglicht es, die gesteigerten Schlag- und Hubzahlen des Hammers oder der Presse besser auszunutzen, bei vermindertem Bedarf an Arbeitskräften und geringerer körperlicher Anstrengung.

hergestellt. Die Rundungen werden dabei durch Einschlagen eines Wellenstumpfes entsprechender Abmessung gebildet. Damit die Kanten keine Löcher in der Oberfläche der Stäbe hinterlassen, sind große Abrundungen anzubringen. Beim Schlichten wird der Stab gewindeartig durch so ein Schlichtgesenk gezogen. In diesen Schlichtgesenken sollte aber nur wirklich geschlichtet, also nur die Oberfläche geglättet werden. Es ist falsch, Rundstäbe zu stark und unregelmäßig, also schlecht vorzuschmieden und dann zu versuchen, mit großem Kraftaufwand im Gesenk zu schlichten. Das Ergebnis kann nur in jeder Hinsicht schlecht sein und die Haltbarkeit des Gesenkes dürfte sehr zu wünschen übrig lassen. Rechtzeitige Nacharbeit der Schlichtwerkzeuge erhöht die Haltbarkeit und ergibt maßgenaue und saubere Arbeit.

33. Exzenterwelle. Hinsichtlich der Formgebung bietet ein solches Stück keine Schwierigkeiten; es ist ein gutes Beispiel, die Vorbereitung der Schmiedearbeit und ihren Ablauf im einzelnen zu schildern.

Die in der Skizze (Abb. 47) stark gezeichneten Umrisse stellen die Exzenterwelle fertig gedreht dar, die offenen Maße sind Fertigmaße. Die schwach gezeichneten Umrisse zeigen die Welle mit Bearbeitungszugabe, also nach dem Schmieden. Die Maße des unbearbeiteten Stükkes (also die Schmiedemaße) sind eingekreist. Die Unterschiede zwischen der fertigen und der unbearbeiteten Welle sind zum besseren Verständnis schraffiert. Die Fertigmaße werden vom Konstruktionsbüro festgelegt, während die Schmiedemaße heute meistens noch von der Schmiede selbst angegeben werden.

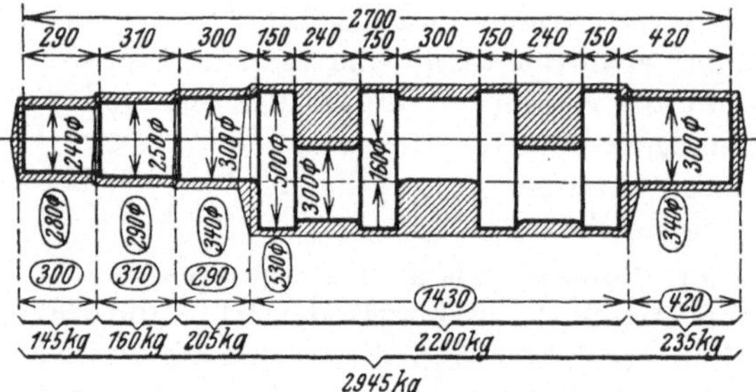

Abb. 47. Exzenterwelle (Fertig- und Schmiedemaße).

Bei der Feststellung der Schmiedemaße beginnt man mit dem Teil, der zuerst geschmiedet wird, das ist in diesem Falle der Teil, in dem die Exzenter (Kurbeln) liegen. Die Exzenterzapfen und die Lagerstellen können beim Schmieden nicht eingesetzt werden, vielmehr wird die Form am zweckmäßigsten auf der Drehbank herausgearbeitet; wir haben es deshalb mit einem einfachen zylindrischen Körper zu tun.

Die Bearbeitungszugabe auf den Durchmesser von 500 mm beträgt 20 bis 30 mm, das Schmiedemaß also etwa 530 mm $\varnothing$. Die Summe der Längeneinzelmaße $150 + 240 + 150 + 300 + 150 + 240 + 150$ ergibt 1380 mm. Bei der Bearbeitungszugabe in der Länge muß berücksichtigt werden, daß beim Absetzen der Zapfen hinsichtlich der Länge Ungenauigkeiten auftreten können, da sich das Balleisen etwas verlaufen kann. Wir geben deshalb auf jedem Ende des Mittelteiles 25 mm zu, so daß die Schmiedelänge 1430 mm beträgt. Die Exzentrizität der Kurbeln gegenüber der Wellenmitte beträgt 160 mm. Beim Schmieden müssen die Zapfen also entsprechend exzentrisch an dem 530 mm dicken Teil abgesetzt werden. Mit geringer Bearbeitungszugabe kann man bei dieser Arbeit nicht rechnen, da die Zapfen bei dem exzentrischen Absetzen leicht unter Maß geraten können. Um uns dagegen zu schützen, geben wir deshalb den Zapfen eine Bearbeitungszugabe von 40 mm auf den Durchmesser, während die Längen sich um 10 bis 20 mm verschieben. An den Enden müssen wir auch mit einer Zugabe von 25 mm in der Länge rechnen, da sich der Werkstoff beim Abschroten leicht mitzieht und der Durchmesser sich an der Ecke deshalb zu stark verringern könnte (Abb. 48), ferner auch, damit der zum Bearbeiten notwendige Körner später abgefräst werden kann.

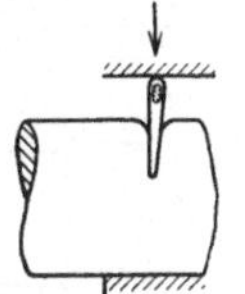

Abb. 48. Mitziehen des Werkstoffes beim Abschroten.

Die mit diesen Maßen errechneten Gewichte für die einzelnen Abschnitte sind in die Skizze eingetragen. Das Gesamtgewicht der Welle beträgt etwa 2900 kg. Die Ausgangsform für ein Schmiedestück mit diesen Maßen ist stets der vom Stahlwerk gelieferte Rohblock in achtkantiger, vierkantiger oder runder Form. Der Durchmesser des Blockes richtet sich nach dem Verschmiedungsgrad, den wir der Welle geben wollen. Da die Welle große Querschnitte besitzt und stark beansprucht wird, wählen wir eine Verschmiedung von etwa 1 : 4, d. h. einen Rohblock mit einem viermal so großen Querschnitt, also von etwa 1200 mm ∅.

Unmittelbar vor dem Schmieden kommt als letzte Vorbereitungsarbeit die Anfertigung der Maße. Für die Herstellung der Exzenterwelle benötigt der Schmied ein Längenmaß, drei verschiedene Greifzirkel und eine Schablone.

Das Längenmaß ist ein Flacheisen mit einem Querschnitt von etwa 25 × 5 mm. In der Regel hat jeder Schmied davon mehrere in verschiedenen Längen. Auf diesem Längenmaß gibt er mit Kreide die einzelnen Längen durch Querstriche an, und zwar die Längen des fertig bearbeiteten Stückes. Stäbe mit Millimetereinteilung sind ungeeignet, da der Schmied beim Messen am warmen Stück wegen der Wärmeausstrahlung mindestens 1,5 m von dem Maß entfernt ist und leicht falsch ablesen könnte.

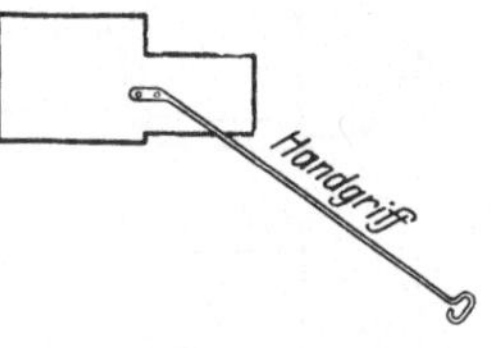

Abb. 49. Blechschablone.

Damit der Schmied sich während der Dauer der Wärme ganz dem Schmiedevorgang widmen kann, stellt er sich auch vor dem Schmieden seine Greifzirkel ein und legt sie handbereit in die Nähe seines Arbeitsplatzes. Zum schnelleren Erkennen wählt man zweckmäßig Greifzirkel in verschiedener Größe. Die Blechschablone, die der Schmied beim Absetzen der exzentrisch sitzenden Zapfen benötigt, zeigt Abb. 49.

Auch diese Schmiedeschablonen werden grundsätzlich nach Fertigmaßen hergestellt; wegen der Wärmeausstrahlung sollen sie lange Griffe haben.

Über die eigentliche Schmiedearbeit ist im vorstehenden bereits das meiste gesagt, so daß zu den folgenden Arbeitsstufen (Abb. 50) nur wenige Erklärungen notwendig sind.

13 Arbeitsstufen werden in der ersten Wärme erledigt. Das Stück ist nun so weit kalt geworden, daß ein weiteres Schmieden nicht mehr möglich ist. Das abgehauene Ende kommt deshalb noch einmal zum Anwärmen in den Ofen. Nach dem Ziehen setzt sich die Arbeit wie folgt fort:

Die Welle wurde wegen der hohen Beanspruchung aus einem Stahl mit 60 bis 70 kg/mm² Festigkeit hergestellt. Beim Schmieden eines solchen Werkstoffes bilden sich naturgemäß größere Spannungen als bei Stahl geringerer Festigkeit. Es ist deshalb zweckmäßig, die Welle nach dem Schmieden nicht erkalten zu lassen, sondern sie unmittelbar in den vorgewärmten Glühofen zu bringen. Die Glühtemperatur selbst richtet sich nach dem Kohlenstoffgehalt des Stahls, in diesem Falle etwa 0,45%, dem etwa 815° entsprechen. Beim Glühen ist darauf zu achten, daß die dünneren Zapfen diese Temperatur nicht überschreiten, da der dickere, mittlere Teil viel längere Zeit benötigt, um im Kern die Glühtemperatur anzunehmen. Dasselbe gilt für das Abkühlen. Nur dann, wenn die Welle in allen Teilen gleichmäßig abkühlt, ist sie nach dem Erkalten frei von Spannungen.

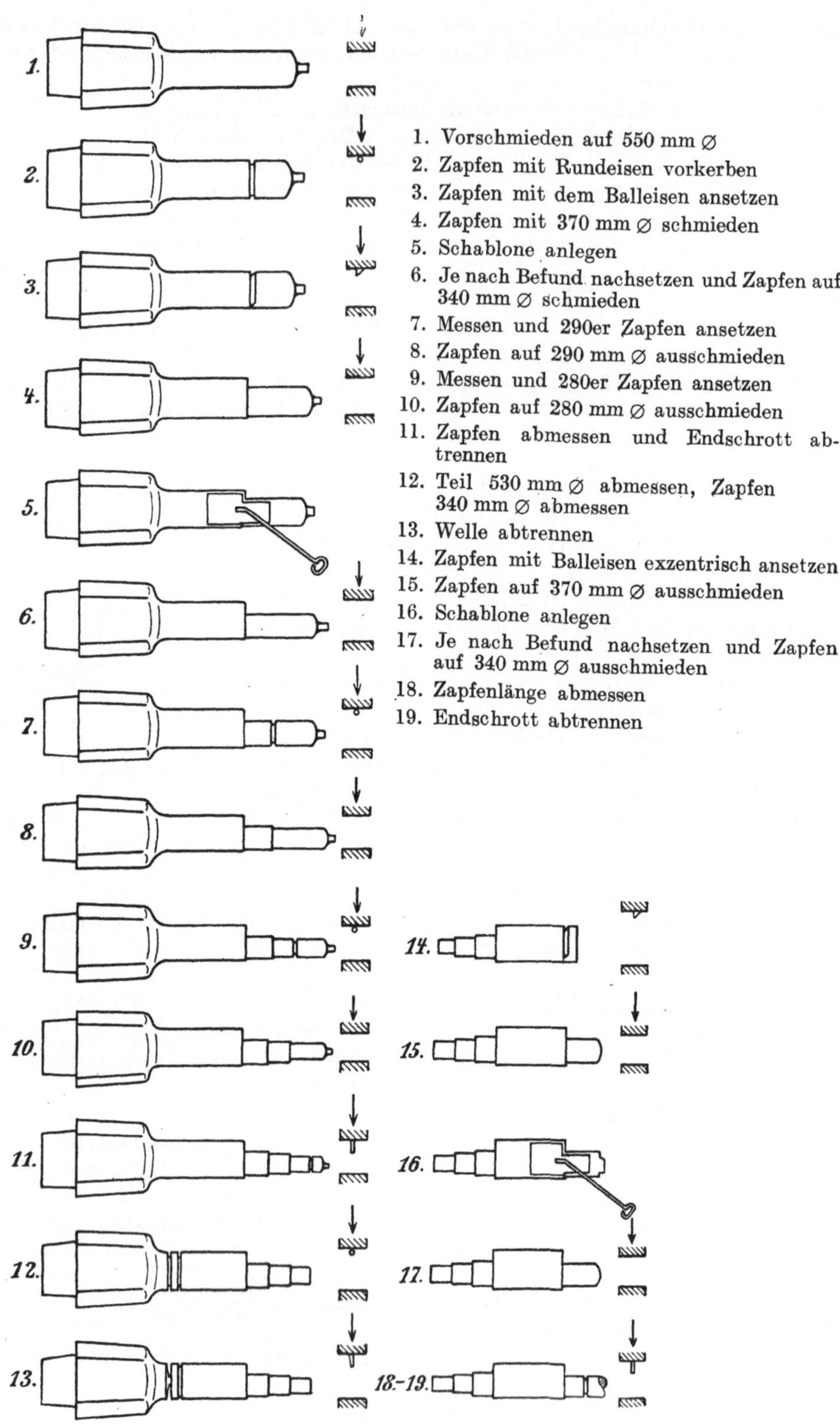

Abb. 50. Schmieden einer Exzenterwelle in 19 Arbeitsstufen.

Die Temperaturen werden am besten mit guten optischen Pyrometern festgestellt, indem man durch ein beiderseits offenes Rohr, das man mit einem Ende auf das Stück setzt, dieses anvisiert. Bei Temperaturmessungen mit Thermoelementen müssen diese im Glühofen möglichst nahe an das Schmiedestück herangebracht werden. Da die Elemente bei großen Schmiedestücken sich jedoch schneller erwärmen als diese, so ist die angezeigte Temperatur höher, als das Schmiedestück sie tatsächlich hat. Für genauere Messungen sind deshalb in solchen Fällen die Meßgeräte mit Thermoelementen nicht zweckmäßig.

34. Achtfach gekröpfte Kurbelwelle (ausgeführt von der Gutehoffnungshütte A. G., Abt. Düsseldorf, vorm. Haniel & Lueg).

Die Dieselmotorenkonstrukteure waren immer bestrebt, möglichst geringe Motorgewichte bei starrster Form zu erreichen. Die Bauart ist deshalb heute kurz und gedrungen, besonders auch die der Kurbelwellen. War früher die Länge einer

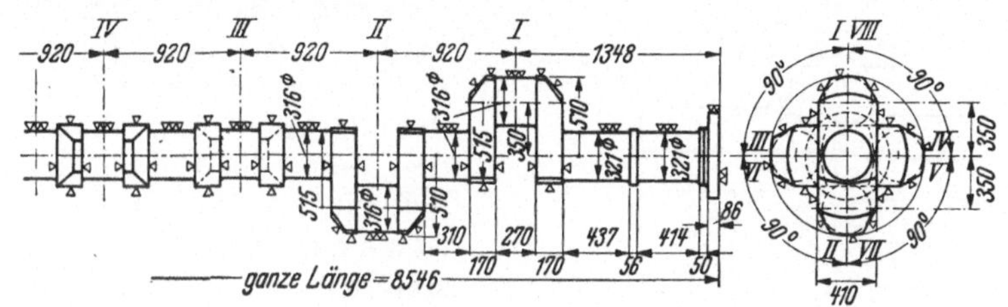

Abb. 51. Fertigzeichnung.

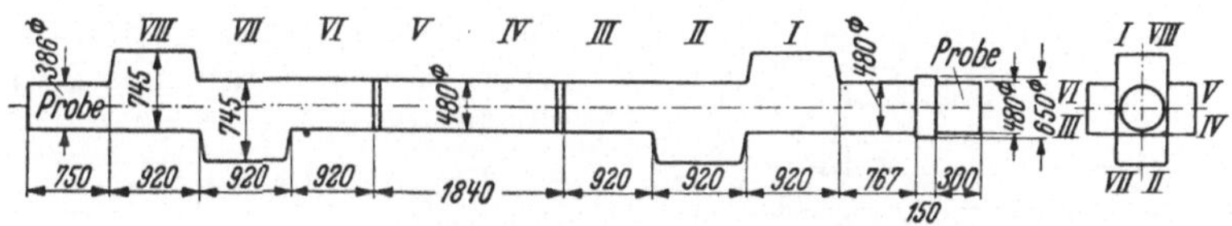

Abb. 52. Schmiedezeichnung.

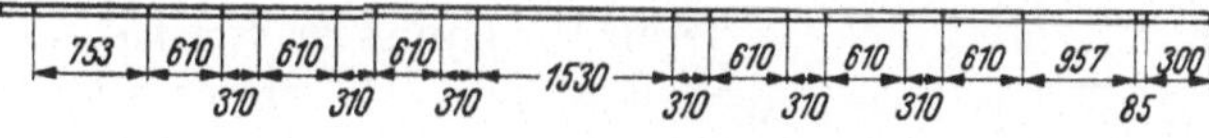

Abb. 53. Längenmaße.

Abb. 51 bis 53. Achthubige Kurbelwelle.

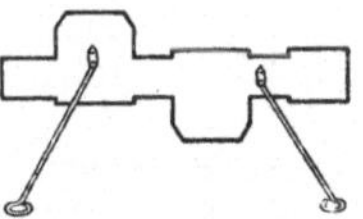
Abb. 54. Schablone.

Lagerstelle mindestens 1,5 × Lagerdurchmesser, so ist sie heute oft unter 0,8 × Durchmesser. Dies ergibt bei etwa notwendigem Verschränken der einzelnen Kurbeln gegeneinander allerlei Schwierigkeiten, weshalb sich im Laufe der Zeit Verfahren entwickelt haben, um mehrhübigen Kurbelwellen bereits beim Schmieden ihre richtige Kurbelstellung zu geben.

Für die in Abb. 51 gezeichnete achthübige Kurbelwelle [1] wurde das im nachstehenden beschriebene Verfahren gewählt.

An Hand der Werkstattzeichnung wurde zunächst die Schmiedeform festgelegt und die in Abb. 52 wiedergegebene Schmiedezeichnung angefertigt. Zur Entnahme von Werkstoffproben wurden die Zapfenenden um ~ 300 mm länger angegeben. Die hohen Beanspruchungen, denen diese Welle ausgesetzt ist, ferner die hohen Herstellungskosten erfordern eine sorgfältige Auswahl des Werkstoffes. Die Bestellerfirma verlangte den Nachweis folgender Werkstoffeigenschaften:

[1] Da die Welle symmetrisch ist — abgesehen davon, daß das Ende rechts einen Hals mit Flansch, links nur einen Zapfen zeigt — ist nur die rechte Hälfte dargestellt.

Zugfestigkeit 52 bis 60 kg/mm², Streckgrenze 30 bis 34 kg/mm², Dehnung mindestens 20% (bei L = 10d), Einschnürung 50%, Kerbzähigkeit 8 mkg/cm².

Das auf Grund der Schmiedezeichnung unter Berücksichtigung unvermeidbarer Ungenauigkeiten ermittelte Schmiederohgewicht betrug 25 100 kg.

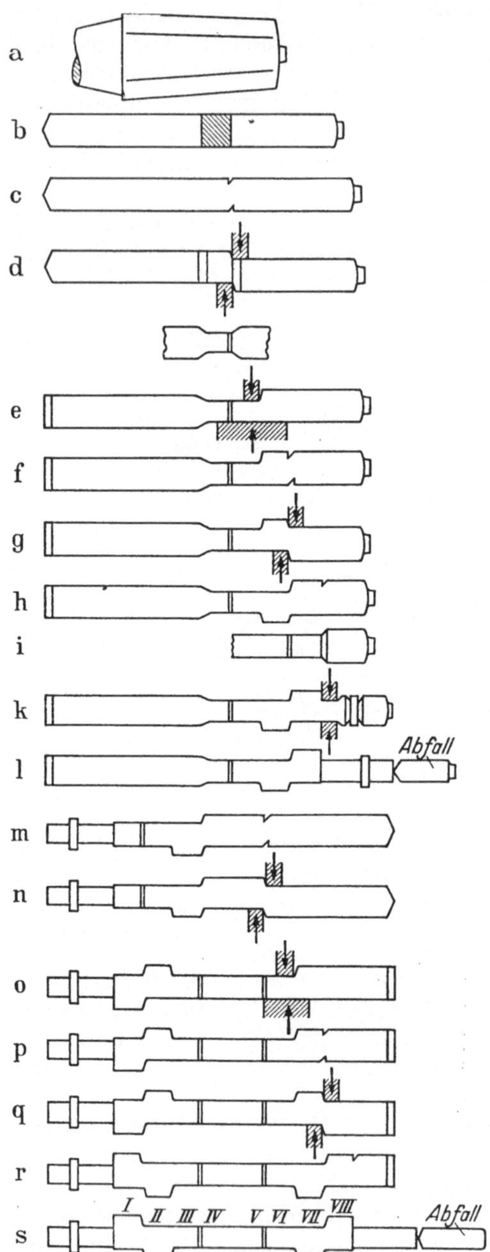

Abb. 55. Schmieden einer achthubigen Kurbelwelle. *a* bis *s* Arbeitsstufen.

Für die größten Querschnitte wurde ein Verschmiedegrad von 1:4 als notwendig erachtet. Damit errechnet sich der Durchmesser des Rohblocks zu 1410 mm.

Bei der Auswahl der Rohblockgröße war zu beachten, daß nur der Werkstoff zwischen 6% und 60% des Gesamtgewichtes, von Blockunterkante an gerechnet, für die Kurbelwelle verwendet werden darf, da bei den darunter bzw. darüber liegenden Teilen des Rohblockes die Möglichkeit von Werkstoffehlern größer ist als im Mittelteil. Der für die Herstellung der Kurbelwelle zu benutzende Teil des Rohblockes betrug demnach 54%. Das Gesamtgewicht des einzusetzenden Rohblockes errechnet sich daraus zu: 25 100 : 0,54 = 46 400 kg.

Das Kokillenverzeichnis des Werkes enthielt u. a. eine Kokille, mit der sich ein Rohblock von etwa 48 000 kg Gewicht bei einem mittleren Durchmesser von 1570 mm herstellen ließ. Da dieses Blockformat den gestellten Bedingungen am ehesten entsprach, wurde ein Rohblock von diesen Ausmaßen bei dem Stahlwerk bestellt.

Die größten Beanspruchungen treten in der Kurbelwelle an der Flanschseite auf. Für die Herstellung wurde deshalb vorgesehen, daß dieser Wellenteil aus dem unteren Teil des Blockes geschmiedet werden solle.

Die Fragen der Zusammensetzung, Warmbehandlung, Prüfung usw. des Werkstoffes sollen an dieser Stelle nicht erörtert werden; es sei lediglich hervorgehoben, daß die Anfertigung solcher Schmiedestücke ein sehr inniges Zusammenarbeiten zwischen den Ingenieuren der Schmiede, des Martinwerkes und der Werkstoffstelle voraussetzt.

Zur Herstellung der Welle braucht der Schmied außer der Schmiedezeichnung und der Werkstattzeichnung noch Längenmaße, Abb. 53, und Schablone, Abb. 54. Diese beiden, das sei hier besonders hervorgehoben, sind nach den Fertigmaßen der Welle herzustellen, damit der Schmied bei der Arbeit stets die entstandene Form mit den Maßen und der Form der fertigen Welle vergleichen kann.

Die folgende Beschreibung der einzelnen Arbeitsstufen nimmt Bezug auf Abb. 55.

Nachdem der Rohblock unter Benutzung aller notwendigen Vorsichtsmaßregeln gegossen und angewärmt war (*a*), wurde er in seiner ganzen Länge zu einem Vierkantblock von 850 mm² vorgeschmiedet (*b*) und der obere Blockteil (verlorene Kopf) abgetrennt. Die eigentliche Formgebung begann nach einem neuerlichen Anwärmen mit der Herstellung der Lagerstelle zwischen den Kurbeln *III* und *IV*. Nach Einkerben mit Dreikantballeisen (*c*) wurde die Stelle durchgesetzt, rechtwinklig zur Durchsetzrichtung auf Maß geschmiedet, die Arbeit mit der Blechschablone kontrolliert und, soweit nötig, nach dieser angerichtet (*d*). Bei dieser Arbeit wurde die Lagerstelle zwischen den Kurbeln *II* und *III* ebenfalls beim Absetzen mit fertig (*e*). Mit Hilfe des Längenmaßes wurden dann die Lagerstelle zwischen den Kurbeln *I* und *II* festgelegt und an dieser Stelle die Dreikanteisen eingedrückt (*f*). Zur Durchsetzarbeit an dieser Stelle war es notwendig, den Block erneut anzuwärmen. Solche Schmiedestücke müssen ganz besonders sorgfältig durchgewärmt werden, da der Werkstoff die großen Beanspruchungen, die beim Schmieden auftreten, sonst nicht aushält. Das Durchsetzen soll nicht unter 900°, jedoch auch nicht über 1050° vorgenommen werden.

Nach dem Durchsetzen (*g*) wurde die Länge der Kurbel *I* mit dem Dreikanteisen festgelegt (*h*) und anschließend der zum Blockfuß hinliegende Werkstoffteil rund vorgeschmiedet (*i*), damit der Flansch gut mit dem Balleisen eingesetzt werden konnte. Da der Hals, d. h. der Wellenteil zwischen der Kurbel *I* und dem Flansch, verhältnismäßig lang war, machte die Herstellung dieser Stelle keine Schwierigkeiten (*k* und *l*). Am äußeren Ende wurde noch der Werkstoff für die Probe belassen und der überflüssige Stoff abgetrennt.

Bei der weiteren Formgebung der Welle werden die Kurbeln *V* bis *VIII* sowie der Endzapfen geschmiedet (*m* bis *s*). Hierbei wiederholen sich die vorstehend geschilderten Vorgänge, so daß es sich erübrigt, auf sie noch einzugehen.

Die besonderen Schwierigkeiten liegen bei dieser Welle darin, daß die Lagerstellen sehr kurz sind, d. h., daß die Kurbeln dicht beieinander sitzen und somit Gefahr besteht, daß einzelne Ecken leicht unter Maß geraten. Abb. 56 zeigt das fertige Schmiedestück.

Abb. 56. Achthubige Kurbelwelle, fertig geschmiedet.

Richtige und sorgfältige Arbeitsvorbereitung ist bei solchen Schmiedestücken unerläßlich. Diese Arbeitsvorbereitung darf sich nicht mit der Anfertigung der notwendigen Zeichnungen, Schablonen und Maße erschöpfen, sondern muß auch die Besprechung einer ganzen Reihe von Einzelheiten mit dem Schmied und seinen Helfern umfassen; denn wenn das Stück warm aus dem Ofen kommt, müssen alle Verrichtungen ununterbrochen und möglichst schnell aufeinander folgen und ineinander greifen, da sonst die aufgewendeten Wärmekosten nicht vollständig ausgenutzt werden.

35. Kurbelhubstücke. Kurbelwellen für größere Dieselmotore, Dampfmaschinen (für Walzenantriebe), Großgasmaschinen usw. werden meistens in sogenannter

Abb. 57. Kurbelhubstücke für halbgebaute Kurbelwellen. (Gutehoffnungshütte Oberhausen, Abt. Düsseldorf, vorm. Haniel & Lueg.)

„halbgebauter" Ausführung hergestellt. Halbgebaut wird eine Kurbelwelle dann genannt, wenn sie aus Kurbelhüben (Abb. 57 u. 58) und Wellenzapfen zusammengesetzt ist, im Gegensatz zu einer „ganzgebauten", welche aus einzelnen Kurbelwangen, Kurbelzapfen und Wellenzapfen besteht. Außerdem gibt es noch die Ausführung „in einem Stück" (Abschn. 34). Die halbgebauten Kurbelwellen der Dieselmotore können Gewichte bis etwa 70000 kg erreichen; noch größere Abmessungen haben die Hubstücke der Gasmaschinen-Kurbelwellen (Abb. 58).

Abb. 58. Kurbelhubstück für eine Großgasmaschine. (Dortmund-Hoerder Hüttenverein Werk Dortmund.)

Früher schmiedete man diese Kurbelhübe so, daß der Kurbelzapfen quer zur Blockachse und Faserrichtung lag (Abb. 59a u. b), wenn man bei den schon damals großen Gasmaschinenhüben und den im Verhältnis dazu kleinen Rohblöcken überhaupt von einer ausgeprägten Faser sprechen darf. Die Konstrukteure drängten dann auch im Laufe der Zeit mit der Weiterentwicklung ihrer Maschinen auf größere Sicherheit durch besseres Material für die Kurbelwellen. Neben andern sind besonders zwei Herstellungsverfahren für Kurbelhübe hervorgetreten.

a) Herstellung nach dem Verfahren der Gutehoffnungshütte A. G., Abt. Düsseldorf, vorm. Haniel & Lueg, nach einem Vorschlag des Verfassers: Ein Rohblock entsprechender Größe wird zunächst rund vorgeschmiedet, anschließend mit in Längsrichtung stehenden Strecksätteln in geringem Maße gebreitet und dann leicht gebogen (*a* u. *b* in Abb. 60). Nach neuerlichem Anwärmen wird dann dieses Stück der Länge nach in profilierten Sätteln auf die Querschnittsform der Kurbelhübe geschmiedet (*c* in Abb. 60). Vor dem Abtrennen des verlorenen Kopfes und des Fußschrottes werden an den Enden Spannstellen mit rechteckigem Querschnitt angeschmiedet. Die Faserrichtung verläuft bei den Kurbelhüben nach diesem Verfahren parallel zum Kurbelzapfen. Ein erheblicher Teil des Rohblockkernes, welcher Verunreinigungen enthält, wird beim Ausbohren der Löcher für die Wellenzapfen entfernt. Warmverformung und mechanische Bearbeitung sind bei diesem Verfahren zu einer besonders rationellen Herstellungsmethode ausgearbeitet. Die sich an das Entspannungsglühen nach dem Schmieden anschließende mechanische Bearbeitung besteht zunächst darin, daß das Schmiedestück in ganzer Länge auf die Fertigmaße des Querschnittes gehobelt wird. Das Ausfräsen der Kurbelhübe erfolgt auf einer, den großen Abmessungen angepaßten Fräsmaschine. Die Wärmebehandlung zur Verbesserung der physikalischen Eigenschaften findet nach dem Ausbohren der Wellenzapfenlöcher und dem Durchstechen statt.

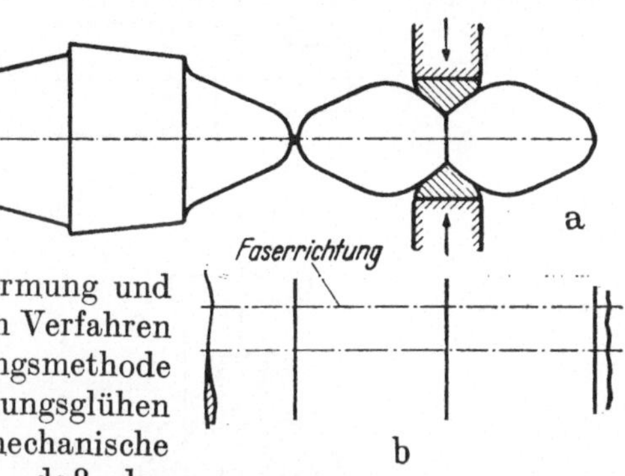

Abb. 59. Älteres Verfahren: Kurbelzapfen quer zur Blockachse und Faserrichtung. *a* u. *b* Arbeitsstufen.

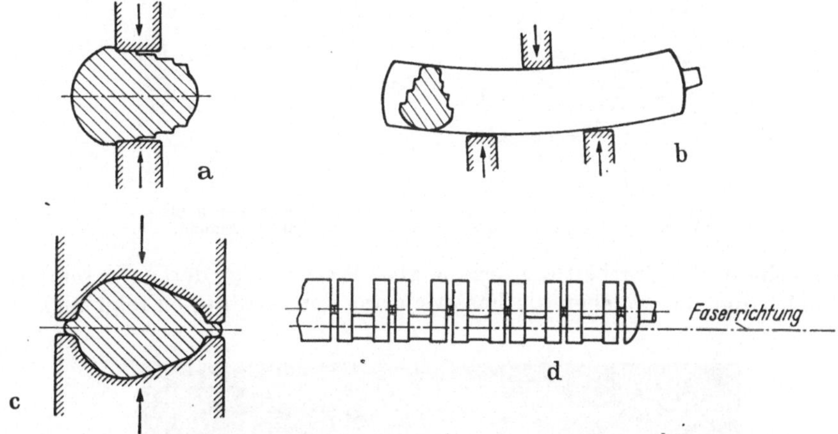

Abb. 60. Schmieden von Kurbelhubstücken. Arbeitsstufen *a* bis *d*. Verfahren der Gutehoffnungshütte, Düsseldorf.

b) Das Verfahren des Dortmund-Hoerder Hüttenvereins Dortmund, nach dem Nierhausschen Patent, geht von einem Ring aus. Der Rohblock wird, nachdem er rund vorgeschmiedet ist, in Stücke getrennt, aus welchen je zwei Kurbelhübe geschmiedet werden. Die Stücke werden gestaucht, gelocht und dann aufgeweitet (*a* bis *d* in Abb. 61). Bei diesem Aufweiten wird aber nicht ein Stück gleichmäßig sondern nur dort gestreckt, wo die Kurbelwangen liegen. Es entstehen dabei ovale Ringe mit verdickten Enden. Diese Ringe werden nach einem weiteren Anwärmen, bei allseitiger Überschmiedung, zu Kurbelhub-Doppelstücken geformt (*e* in Abb. 61). Im Anschluß an das Schmieden werden die Stücke spannungsfrei geglüht und dann mechanisch bearbeitet (Abb. 62). Die Wärmebehandlung zur Verbesserung der Festigkeitswerte erfolgt auch hier erst, nachdem die Stücke bis auf sehr geringe Schnittzugaben vorgearbeitet sind. Das NIERHAUSsche Verfahren erfordert zwar umständliche Schmiedearbeit und verteuerte mechanische Bearbeitung, ergibt aber Werkstücke, deren Verschmiedung vollauf befriedigt, bei welchen die Faserrichtung den Kraftlinien folgt und die die Verunreinigungen enthaltende Kernzone des Rohblockes durch Lochen entfernt wurde.

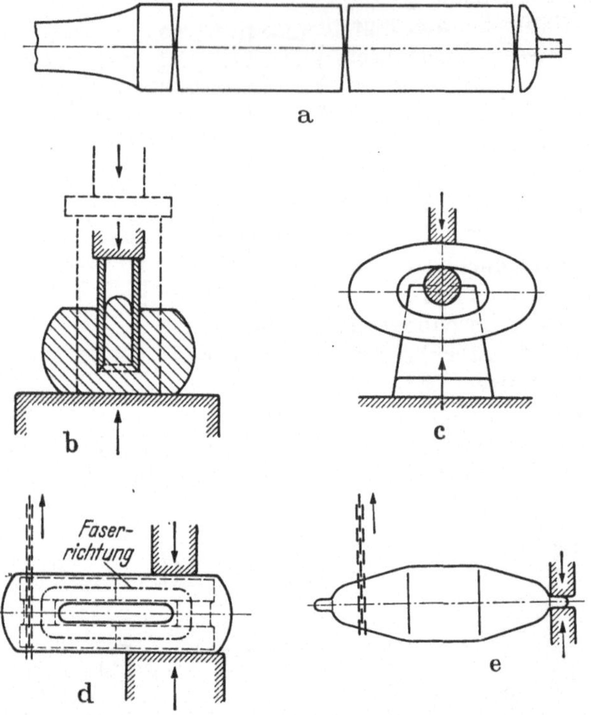

Abb. 61. Schmieden von Kurbelhubstücken, Arbeitsstufen *a* bis *e*. Verfahren des Dortmund-Hoerder Hüttenvereins, Dortmund.

Abb. 62. Mechanische Bearbeitung der Kurbelhubstücke nach Abb. 61.

36. Wellen mit großen Flanschen (ausgeführt vom Dortmund-Hoerder Hüttenverein, Abt. Dortmunder Union). Die in Abb. 63 dargestellten Flanschwellen haben gleiche Flanschdurchmesser (sie gehören zu der gleichen Maschine). Zum Schmieden und zur mechanischen Bearbeitung ist es zweckmäßig, diese Flanschen zusammen zu legen. Das Durchstechen findet erst nach dem Vorschruppen statt. Die Unterschiede zwischen dem Flanschen- und Wellendurchmesser, wie sie diese Wellen aufweisen, zwingen zu besonderen Überlegungen hinsichtlich der Formgebung. Es muß vermieden werden, daß in den Flanschen der Verschmiedungsgrad ungenügend ist, da sich sonst erhebliche Unterschiede in den physikalischen Werten im Vergleich mit den viel kleineren Querschnitten der Wellen ergeben, ein Umstand, der auch zu Spannungen führen könnte, welche schlecht zu beseitigen wären.

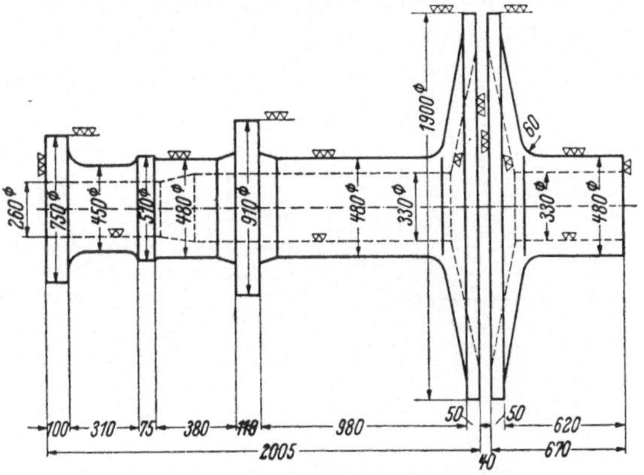

Abb. 63. Wellen mit großen Flanschen.

Obwohl der Schmiede Rohblöcke bis zu einem Durchmesser von 2600 mm achtkant zur Verfügung standen, also eine genügende Verschmiedung durch Strecken und Absetzen hätte erreicht werden können, entschied man sich doch wegen des besseren Reinheitsgrades für einen viel kleineren Block.

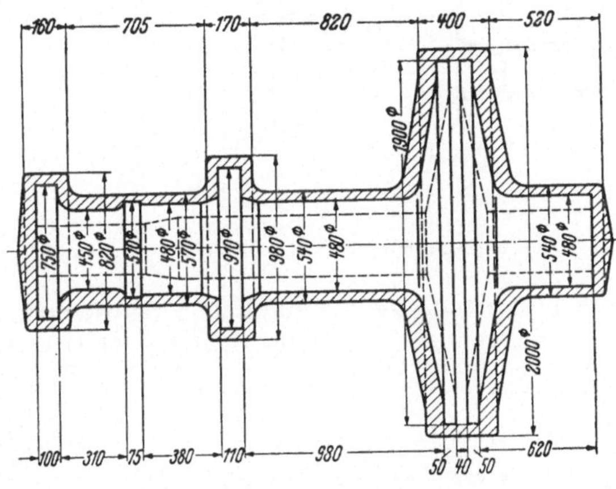

Abb. 64. Schmiedezeichnung zu Abb. 63.

Form und Maße sind in der Schmiedezeichnung Abb. 64 enthalten. Als Ausgangswerkstoff wurde ein 62 t Rohblock gewählt (Abb. 65). In der ersten Wärme wurde dieser Rohblock auf etwa 1400 mm ⌀ vorgeschmiedet, Kopf und Fuß abgetrennt. Als Untersattel wurde ein Spitzsattel eingebaut (Abb. 66). In der zweiten Wärme wurde der ganze Block mit Ausnahme des kleineren Endzapfens gestaucht (Abb. 67). Dieser Endzapfen dient beim weiteren Verschmieden dazu, das Verlängerungsstück aufzunehmen, weil das Stück wegen seiner geringen Länge sonst schlecht zu handhaben ist. Zum Stauchen wurde der Block mit dem Zapfen in eine Stauchscheibe gestellt. Der Einsatzring in der Stauchscheibe ist auswechselbar, so daß für die jeweiligen Zapfendurchmesser der entsprechende Ring eingesetzt werden kann. Die zur Verfügung stehende Schmiedepresse war in der Lage, den Block in einem Hub zu stauchen. Um den Pressendruck gleichmäßig auf

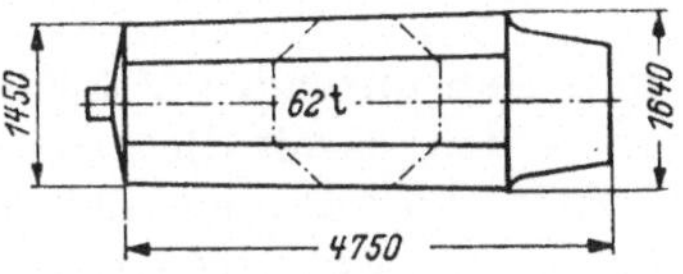

Abb. 65. Rohblock.

den gesamten Querschnitt zu übertragen, wurde oben eine Stauchplatte aufgelegt; die Stauchung fand also zwischen Stauchscheibe und Stauchplatte statt. Auch mit einer Schmiedepresse geringeren Preßdruckes läßt sich ein Block vorstauchen. Es wird dann keine Stauchplatte aufgelegt, sondern unmittelbar mit dem Obersattel gedrückt.

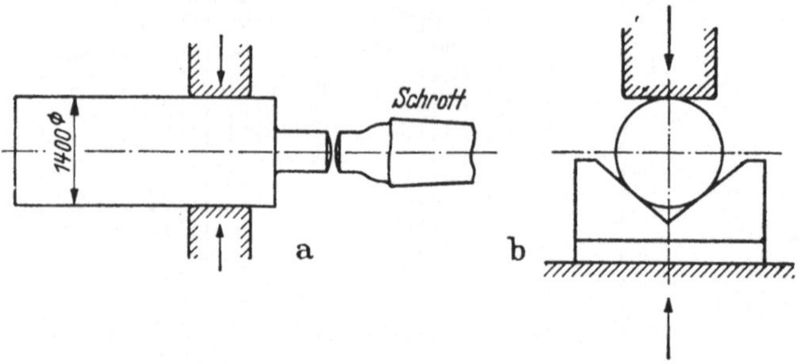

Abb. 66. Vorschmieden, Abtrennen von Kopf und Fuß.

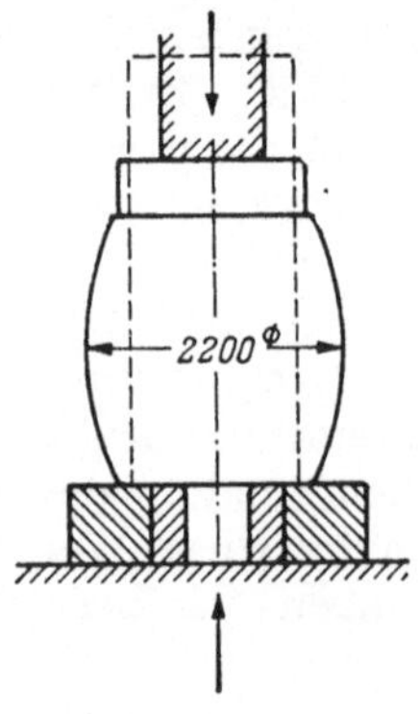

Abb. 67. Stauchen des Blockes.

Hierbei nimmt man immer eine kleinere Fläche vor. Durch Verschieben des Blockes mit der Sattelverschiebung staucht man dann nach und nach die ganze Fläche. Es muß bei dieser Arbeitsweise nur darauf geachtet werden, daß nicht zuviel am Rande herum gestaucht wird, weil sonst der Block nicht die zylindrische Form behält, sondern diejenige eines Kegelstumpfes annimmt, der auf der kleinen Fläche steht. Unser Block wurde nun nach einem neuerlichen Anwärmen auf 1650 mm ∅ vorgeschmiedet und genau gemessen. Da der Schmied genau gearbeitet hatte, konnte sofort das Einkerben der Wellenteile nach den von der Arbeitsvorbereitung gemachten Angaben vorgenommen werden (Abb. 68). Im anderen Falle hätte neu gerechnet werden müssen. Bei einer Überschreitung des Durchmessers wäre die Bearbeitungszugabe an den großen Flanschen zu stark geworden und bei einer Unterschreitung hätte Gefahr des Ausschußwerdens bestanden. Auch bei dem nun folgenden Vorschmieden des Stückes (Abb. 69) mußte genau gearbeitet werden, damit die bereit gehaltenen Stauch-, Zwischen- und Einsatzringe sich auch überstreifen ließen. Nach dem Vorschmieden wurde der kleine Zapfen „auf Länge gehauen“ und das Stück von dem Blockrest getrennt. Im nächsten Arbeitsgang wird wieder gestaucht, aber nicht das ganze Stück, sondern nur die großen Flanschen (Abb. 70). Als Unterlage dient wieder die große Stauchscheibe mit dem entsprechenden Einsatzring. Die beiden dünneren Stauchscheiben, welche den Pressendruck unmittelbar auf die zu stauchenden Flanschen übertragen, sind kegelig ausgedreht. Über den nach oben

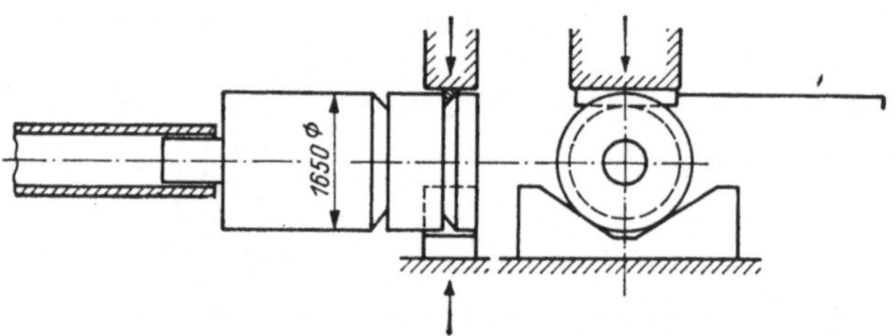

Abb. 68. Ausschmieden auf 1650 mm ∅ und Einkerben.

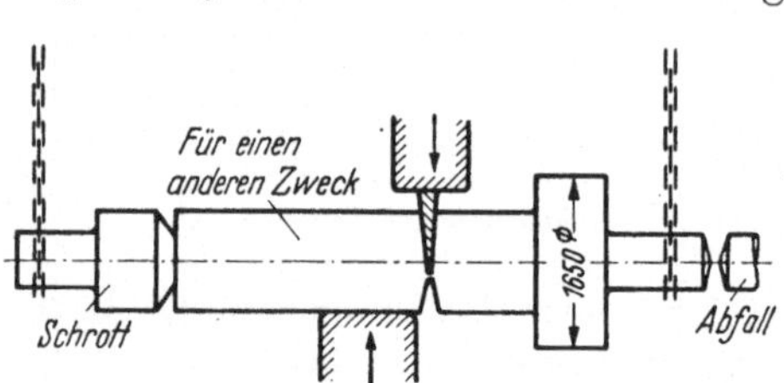

Abb. 69. Vorschmieden und Abtrennen des Stückes.

stehenden Zapfen wurden der Länge entsprechend zwei Zwischenringe gestreift und zur gleichmäßigen Übertragung des Preßdruckes eine Stauchplatte aufgelegt. Selbstverständlich setzt auch diese Staucharbeit eine Schmiedepresse mit großem Druckvermögen voraus. Reicht der Preßdruck nicht aus, so muß man wieder „partieweise" arbeiten. Hierzu gehört in diesem Falle dann ein Drehgesenk (*b* in Abb. 70). Das Unterteil des Gesenkes ist in der Verschiebeplatte fest eingebaut, während der Ring sich drehen läßt. Die Drehung erfolgt durch den Schmiedekran, mit Hilfe einer Umlenkrolle. Beim Stauchen arbeitet der Obersattel seitwärts des kleinen Zapfens. Eine Anschrägung des Obersattels, der Kegelform der Flanschen entsprechend, ist in diesem Falle nicht ratsam, da sich beim Schmieden hierdurch seitliche Verschiebungen ergeben könnten. In der letzten Wärme werden die kleineren Flanschen eingekerbt und wegen der geringen Kerbentfernung anfänglich mit dem Legeisen gestreckt (Abb. 71). Gutes ausgleichendes Anwärmen und vorsichtiges, gleichmäßiges Schmieden ist nötig, um innere Überbeanspruchungen des Werkstoffes zu vermeiden, weil beim Arbeiten mit Legeisen der Werkstoff nur außen fließt. Zum Schluß wurden die großen Flanschen nochmals überschmiedet, um die beim Stauchen entstandenen Abweichungen von der kreisrunden Form auszugleichen.

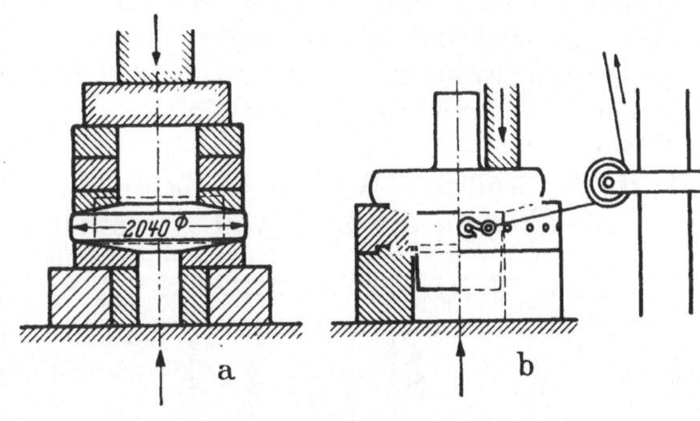

Abb. 70. Stauchen der großen Flanschen. *a* Große Presse; *b* kleinere Presse mit Drehgesenk.

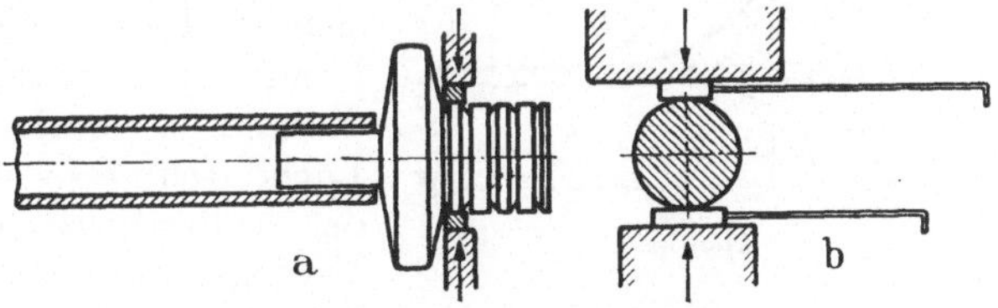

Abb. 71. Herstellung der kleineren Flanschen (*a* u. *b*).

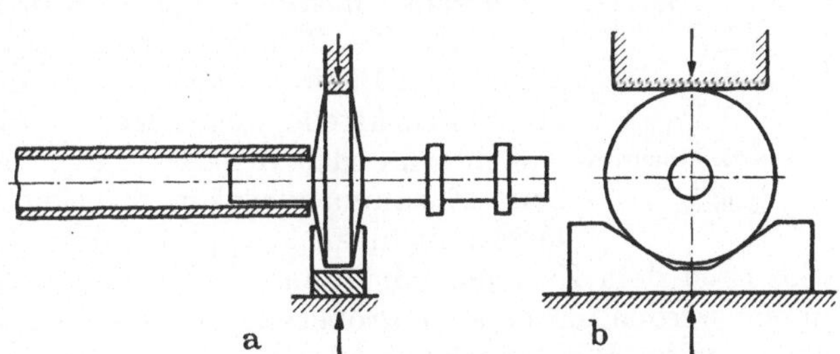

Abb. 72. Überschmieden der großen Flanschen (*a* u. *b*).

Über die *Wärmeführung* während des Schmiedens ist folgendes zu sagen: Der Rohblock kam mit etwa 500° aus dem Stahlwerk und konnte deshalb nach kurzer Ausgleichzeit normal aufgewärmt werden. Von diesem Aufwärmen an bis zum Abtrennen der vorgeschmiedeten Wellen sank die Temperatur nicht unter etwa 800°. Während die Wellen nach dem Abtrennen an einem zugfreien Ort in der Schmiede bis auf etwa 450° abgekühlt und dann erst wieder zum Flanschenstauchen angewärmt wurden, legte man die Abfälle unter Asche ab. Auch nach dem Stauchen der Flanschen und Ausschmieden des längeren Wellenzapfens wurde das ganze Stück bis auf etwa 450° abgekühlt. Im Anschluß an die letzte Wärme wurde das Stück dann auf 650° gebracht, 11 Stunden gehalten und unter Asche abgelegt. Die Vermeidung jeglicher unnötiger Abkühlung im ersten Teil des

Schmiedens hatte den Zweck, wiederholt ein schnelles Aufwärmen zu ermöglichen und damit die „Wärmenfolge“ zu beschleunigen. Mit dem mehrfachen Abkühlen auf etwa 450° wurde eine Kornverfeinerung eingeleitet und damit gleichzeitig ein gewisser Ausgleich der physikalischen Werte. So gibt bereits eine zweckmäßige Wärmeführung während des Schmiedens eine gute Grundlage für die nach dem Vordrehen und Vorschruppen stattfindende Wärmebehandlung zur Verbesserung der Gütewerte.

37. Hohler Kolben. Bei dem Kolben Abb. 73 soll die Bohrung an dem einen Ende wieder bis auf ein Loch von 70 mm zusammengedrückt werden.

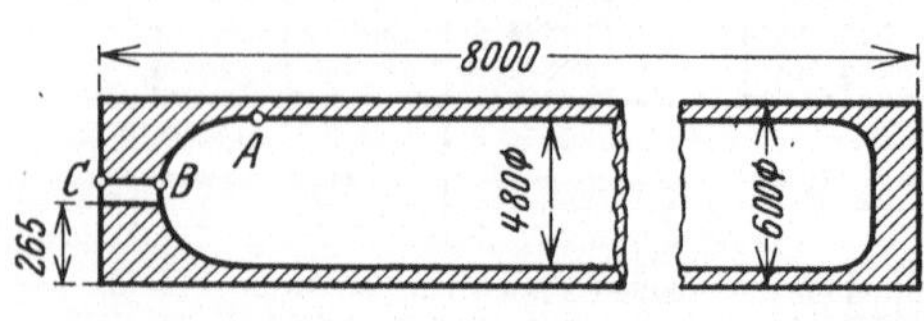

Abb. 73.

Die Wandstärke beträgt an der Stelle des 70-mm-Loches 265 mm, wird dann allmählich geringer bis auf 60 mm. Beim Berechnen des Gewichtes muß die zum Zusammendrücken notwendige Menge Werkstoff berücksichtigt werden.

Die Bohrung wird von vornherein 480 mm gebohrt, die Werkstoffmenge zum Zusammendrücken muß deshalb an der Zudrückstelle außen vorhanden sein; sie legt sich in Form eines Bundes um diese Stelle herum. Die äußere Form des Kolbens wird deshalb so vorgeschmiedet, daß dort, wo der Lochdurchmesser später verengt werden soll, der Außendurchmesser etwa um das Maß der Verengung größer gemacht wird (Abb. 74).

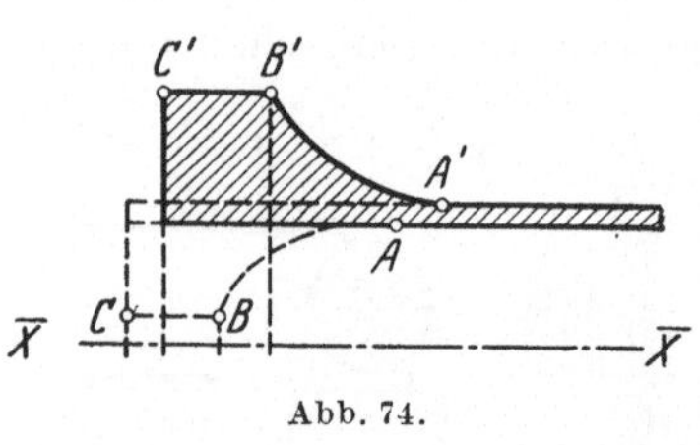
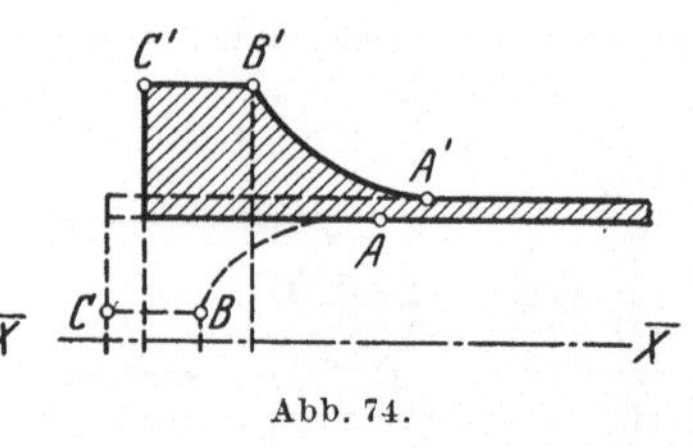

Abb. 74.

Abb. 75.

Abb. 73 bis 75. Schmieden eines großen hohlen Kolbens.

Nun wird der Werkstoff jedoch beim Zusammendrücken nicht allein rechtwinklig zu der Körperachse x—x fließen, sondern wegen der Streckwirkung auch in Richtung der Achse: das Werkstück wird länger.

Diesem Umstand trägt man dadurch Rechnung, daß man das Maß A'—B' kürzer macht als A—B; zweckmäßig ist es sogar, den Punkt A auch noch einige Millimeter weiter von der Zudrückstelle wegzulegen. Auf diese Weise entsteht die Außenform nach A'—B'. Das Stück C'—B' wird sich auch beim Zusammendrücken strecken, deshalb ist der Durchmesser nicht zu knapp zu wählen. Geringer, als die Wandstärke nach dem Zusammendrücken wird, sollte sie vor demselben nicht angenommen werden, da eine Vergrößerung der Wandstärke durch Stauchung nicht eintreten wird. Wir vergrößern also den Außendurchmesser noch etwas, so daß die Form A' B' C' jetzt die Form vor dem Zusammendrücken darstellt. Das Stück muß vor dem Zusammendrücken überdreht werden, damit Risse und Unreinigkeiten später nicht eingeschmiedet werden können. Zu den Maßen der Form A' B' C' ist deshalb noch die Bearbeitungszugabe zuzuschlagen. Die Herstellung des Schmiedestückes selbst ist nicht schwierig.

Zusammengedrückt wird auf einem Spitzsattel, dessen Arbeitsfläche etwa unter 80° steht (Abb. 75). (Bei 60° lägen die drei Druckstellen gleichmäßiger auf dem Umfang verteilt, jedoch hinge sich das Stück in einem solchen Spitzsattel leicht fest.) Bei gleichmäßigen und nicht zu schweren Schlägen wird in wenigen Minuten zusammengedrückt.

An das Zusammendrücken muß sich zur Beseitigung von Spannungen ein Glühen zwischen 650 und 700° anschließen.

38. Lokomotiven-Kuppelstange. Diese Lokomotiv-Kuppelstange kommt nie als Einzelstück zur Herstellung, meistens in größeren oder kleineren Serien. Es ist ein Schmiedestück mit sehr viel mechanischer Bearbeitung. Zur wirtschaftlichen Fertigung bedarf es einer gewissen Vorbereitung.

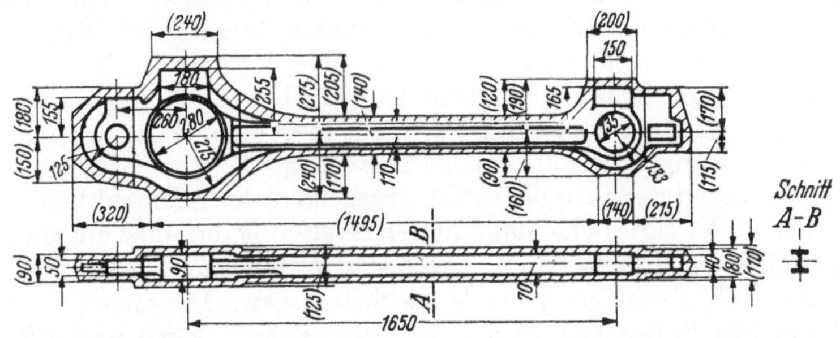

Abb. 76. Schmiedezeichnung für eine Lokomotiv-Kuppelstange der Eisenbahn.

1. Anfertigung einer Schmiedezeichnung, welche außer den hauptsächlichsten Fertigmaßen die Schmiedemaße enthält (Abb. 76).

2. Herstellung einer Blechschablone nach den Fertigmaßen.

3. Festlegung des Ausgangsmaterials und genaue Maßangaben über die Ankerbungen für das Mittelstück.

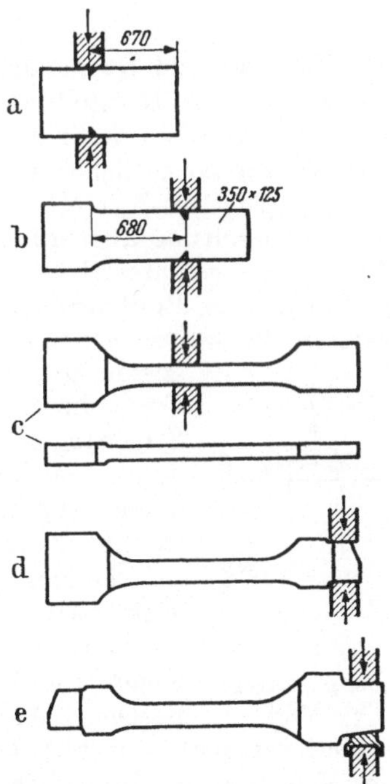

Abb. 77. Schmieden der Kuppelstange Abb. 76, *a* bis *e* Arbeitsstufen.

Diese Vorbereitungsarbeiten mögen angesichts eines so verhältnismäßig einfachen Stückes etwas zu weitgehend erscheinen. Um dies zu klären, erscheint es zweckmäßig, sich einmal den Gang der Dinge vor Augen zu halten, wie ein guter Schmied die Sache anpacken würde, wenn er nur die Fertigzeichnung erhielte. Zunächst hätte er nach eingehender Zeichnungsdurchsicht die Bearbeitungszugaben und dazu den Ausgangsquerschnitt festzulegen. Dann würde er das Material auswählen und bereitstellen lassen, vorausgesetzt, daß das Material vorhanden wäre. Dann würde der Schmied nach vorheriger gedanklicher Festlegung des Verformungsganges die Werkstoffmengen für das Mittelstück und den kleinen Stangenkopf ausrechnen und damit die Einkerbstellen festlegen. Inzwischen hätte er sich die Schablone beim Schablonenschlosser machen lassen, so daß er mit dem Schmieden beginnen könnte. Wenn der Schmied richtig gerechnet und den Verformungsgang material- und formgerecht überlegt hatte, wird das maßliche Ergebnis gut sein. Das wirtschaftliche Ergebnis jedoch dürfte bei genauer Nachprüfung enttäuschen. Der Schmied hat die ganze Arbeitsvorbereitung, mit Ausnahme der Schmiedeschablone selbst gemacht und (im günstigsten Falle) dieselbe Zeit gebraucht wie der Arbeitsvorbereiter. Nun ist der Schmied aber der erste Mann einer Schmiedekolonne, in diesem Falle vier Mann. Diese können dem Schmied bei der Arbeitsvorbereitung nicht helfen, sie warten also. Mit ihnen wartet der Ofen, der Dampfkessel und noch andere Einrichtungen der Schmiede, die zwar zur Erzeugung unbedingt nötig sind, aber doch nur kostenverursachend und nicht direkt erzeugend in Erscheinung treten. Bei nur überschläglicher Betrachtung sind alle Kosten, die über den Lohn des Schmiedes hinaus angefallen sind, als Verlust anzusehen, weil angenommen werden muß, daß sie nicht aufgetreten wären, wenn ein Arbeitsvorbereiter die betreffenden Arbeiten erledigt hätte. Bei der mechanischen Bearbeitung werden aus gleicher Ursache noch weitere Mehrkosten entstehen. Vom Schmied ist nicht zu erwarten, daß er die Bearbeitungszugabe richtig festsetzen kann, auch ist er nicht in der Lage, die besonderen Umstände der Bearbeitungswerkstatt zu berücksichtigen.

Bei richtig vorbereiteter Schmiedearbeit vergeudet der Schmied keine Zeit mit Rechnereien; er findet sämtliche Maße in der Zeichnung, erkennt aus dieser auch, an welchen Stellen die Bearbeitungszugabe stärker oder schwächer ist, und versäumt keine Zeit mit Beseitigung von Unklarheiten usw. Die mechanische Werkstatt erhält ein Stück, das sich in der günstigsten Zeit bearbeiten läßt.

Das Schmieden dieser Kuppelstange (Abb. 77) erfolgt in drei Wärmen, wovon die beiden Endwärmen kleiner sind. Beim Schmieden des Mittelstückes muß der Schmied durch öfteres Anlegen der Blechschablone prüfen, ob die Übergänge formgerecht sind. Die Verhältnisse der Kanten zueinander sind nicht günstig, so daß beim Strecken häufig zum Überschmieden des Dranges um 90° gewendet werden muß.

D. Sonderteile.

39. Vorstücke zu Radbandagen. Bandagen für die Räder der Schienenfahrzeuge werden zur Herstellung der Endform auf Bandagenwalzwerken gewalzt. Die Vorform wird in der Schmiede hergestellt. Bandagenschmieden ist Massenerzeugung, die körperliche Arbeit tritt in den Vordergrund, alle Vorgänge wiederholen sich, plastisch-formerisches Denken, Rechnen usw. ist dem Schmied von der Arbeitsvorbereitung abgenommen.

Das Ausgangsmaterial ist bei den einzelnen Herstellern verschieden. In der Regel wird vom Rohblock oder dem gegossenen Formstück, seltener vom vorgewalzten Block ausgegangen. Die Formstücke (Abb. 78) werden in Kokillen gegossen und entsprechen in ihrer Art einem in gedrungener Form hergestellten Rohblock mit verlorenem Kopf, Lunker, Seigerungen usw. Jedes Formstück ergibt eine Bandage. Geht man vom Rohblock aus, so gibt man diesem eine möglichst lange schlanke Form und trennt Stücke im entsprechenden, gleichen Gewicht ab. Dieses Abtrennen erfolgt durch Sägen, Durchstechen und Brechen (Abb. 79). Man hat auch versucht, durch Ankerben und Brechen die Trennung vorzunehmen, dieses Verfahren ergibt jedoch noch nicht die erwünschte Genauigkeit.

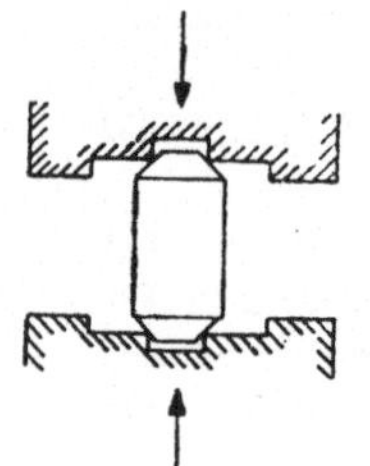

Abb. 78. Formstück für Radbandage.

Abb. 79. Rohblock für Radbandagen.

Die Schmiedearbeit ist in der Regel auf zwei Hämmer verteilt, von denen am ersten die Stücke zu Scheiben geschmiedet und gelocht und am zweiten Hammer die gelochten Stücke in der gleichen Wärme aufgeweitet werden. Zum Anwärmen der gebrochenen oder gegossenen Stücke verwendet man Stoß- oder Rollöfen, welche dem ausschließlichen Zweck des Anwärmens solcher stets gleichbleibender Stücke dienen. Mittels einer Gabel, die an einer Katze hängt, entnimmt der „Zubringer" die Stücke dem Ofen und legt sie auf den Untersattel (Abb. 80). Je nach Gewicht sind zwei bis drei Hebelleute nötig, um die Stücke nach jedem Schlag zu verdrehen (Abb. 81), wobei sie, mit dem Hammer im Takt, die Stücke leicht anlüften, eine kleine Bewegung in Drehrichtung ausführen, wieder absetzen und schnell mit der Hebelspitze in die Anfangsstellung gehen, um den

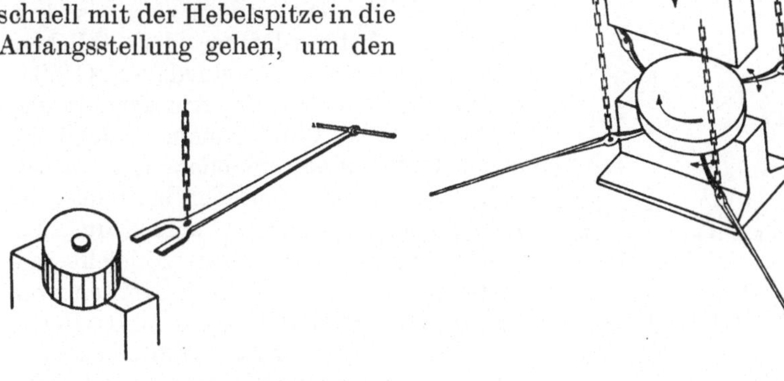

Abb. 80. Zubringen der Stücke vom Ofen.

Abb. 81. Erster Schmiedevorgang.

Vorgang zu wiederholen. Nach Erreichen der vorgesehenen Stärke wird die Scheibe angehoben, eine Lochscheibe untergeschoben und mittels eines fast zylindrischen Dornes gelocht (Abb. 82). In gleicher Wärme wird das Stück auf den Hebel genommen und am andern Hammer über den Dorn des Hornsattels gestreift (Abb. 83). Das Aufweiten erfolgt soweit, daß sich die Stücke gut über die Spindel des Bandagenwalzwerkes streifen lassen.

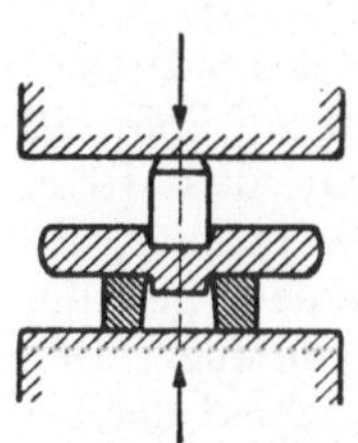

Abb. 82. Lochen.

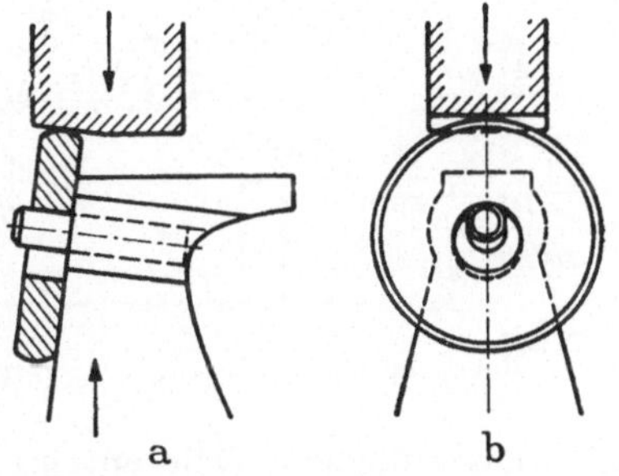

Abb. 83. Aufweiten auf dem Dorn des Hornsattels. *a* Seitenansicht; *b* Stirnansicht.

Bandagenschmieden ist Schwerarbeit in zweifacher Hinsicht. Einmal sind es die großen Mengen, welche in verhältnismäßig hohen Einzelgewichten dauernd bewegt werden müssen, dann ist es die Wärmestrahlung, die sowohl von den abgelegten Stücken als auch von den zur Vermeidung langer Wege dicht beieinanderliegenden Öfen und Maschinen ausgeht.

40. Schmiedeamboß. Der Amboß gehört zu den ältesten Werkzeugen der Schmiede. Es ist verwunderlich, welche irrigen Ansichten, selbst in Fachkreisen, über seinen Herstellungsgang anzutreffen sind. In der neueren Zeit werden Ambosse, besonders die kleineren, nicht selten in Stahlguß hergestellt. Im allgemeinen wird jedoch der geschmiedete Amboß bevorzugt.

Der Amboß nach Abb. 84 — es handelt sich hier um die norddeutsche Form — wird aus sieben Teilen zusammengeschweißt. Mit Ausnahme der Platte, Teil 7, werden alle Teile aus weichem, gut feuerschweißbarem Stahl geschmiedet. Die Form dieser Einzelstücke ist einfach, so daß über ihre Formgebung nichts gesagt zu werden braucht. Die Zusammenfügung findet durch Feuerschweißung statt. Die Schweißung so großer Querschnitte setzt voraus, daß der Schmied das Feuer in der richtigen Weise zu pflegen versteht, seine Schweißmittel selbst zubereiten kann und die Schweißung in jeder Phase des Arbeitsablaufes beherrscht. Die zu verbindenden Teile haben sehr unterschiedliche Querschnitte. Diesen sind die drei bis vier Feuer, welche zu einer Amboßschmiede gehören, angepaßt. Das Hauptfeuer (Abb. 85), in dem stets das größere Stück angewärmt wird, befindet sich der besseren Handhabung halber in Fußbodenhöhe. Die andern zwei bis drei Feuer sind Schmiedefeuer der üblichen Bauart, jedoch in verschiedener Größe. So hat das Feuer für die Anwärmung der Platte mehrere Windformen, welche in einer Reihe hintereinander angeordnet sind. Über dem Hauptfeuer befindet sich im allgemeinen eine Hubkatze, um das schwere Stück bei Schweißhitze leicht und schnell zum Amboßklotz schaffen zu können. Die kleineren Teile werden von Hand vom Feuer zur Schweißstätte getragen. Als Amboßklotz dient in der Regel ein harter Stahlblock mit einem Gewicht von 1,5 bis 2 t. Dieser Stahlklotz hat eine „Bahn“ (Arbeitsfläche) von etwa 800/500 und ragt fußhoch aus dem Boden. Der Gang der Arbeit ist etwa der folgende: Das Mittelstück (*1*) und der Stauch (*2*) werden zuerst auf Schweißhitze gebracht, das Mittelstück im Hauptfeuer, der Stauch in einem gewöhnlichen Schmiedefeuer. Dem Größenunterschied der beiden zu schweißenden Teile entsprechend wird mit der Anwärmung des Stauches später begonnen. Während des Anwärmens müssen die Feuer in der rechten Weise unterhalten werden. Frische Kohle darf nie ins Feuer kommen; der Schmied legt diese „an das Feuer“, damit sie schon etwas entgast und einen koksähnlichen Zustand annimmt. Steine und schlackenbildende Stoffe dürfen nicht ins Feuer, weil sonst zu häufig Schlacke abgelassen werden muß. Die Kohle muß deshalb so gelagert sein, daß sie sich nicht mit Erde, Asche oder dgl. vermischt. Während der Schmied das Hauptfeuer überwacht, steht sein erster Gehilfe am kleinen Feuer und wärmt den Stauch an. Durch Zurufe verständigt man sich über den Zeitpunkt des „Ziehens“. Nachdem das große Stück, das eingeschirrt im Feuer hing, schnell zum Amboßklotz gebracht ist, der Schmied die Schweißfläche gereinigt und mit Schweißsand beworfen hat, reicht ihm der Gehilfe schon den schweißwarmen Stauch, den er dann genau an der richtigen Stelle aufsetzt. Gehilfe und Zuschläger haben inzwischen ihre Zuschlaghämmer ergriffen und treiben nun mit wuchtigen Schlägen die Schlacke aus der Schweißstelle. Diese Arbeit wiederholt sich bei jeder Schweißung. Zum Ende der Wärme wird die Schweißstelle mit dem Warmschrot verputzt, so daß sich am fertiggeschmiedeten Amboß keine spanabhebende Nacharbeit ergibt. In der letzten Wärme wird die Platte aufgeschweißt. Bisher

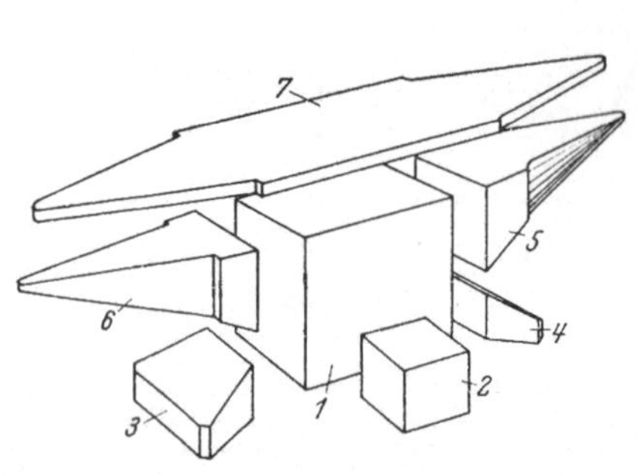

Abb. 84. Amboß, norddeutsche Form. *1* Mittelstück; *2* Stauch, *3* u. *4* Füße; *5* u. *6* Hörner; *7* Platte.

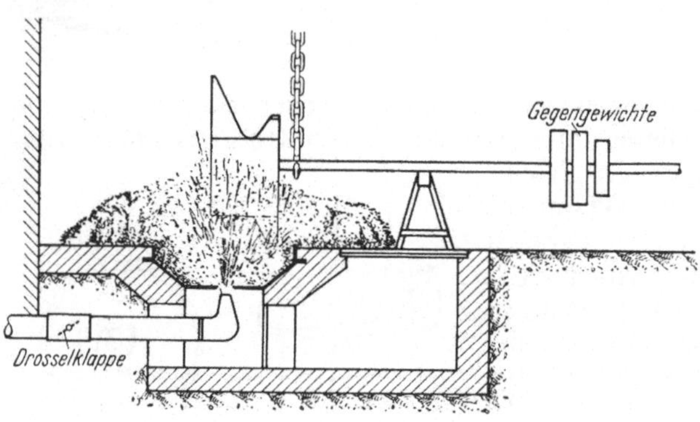

Abb. 85. Großes Schmiedefeuer in Fußbodenhöhe.

haben sich Krafthämmer für die Schweißarbeit bei der Amboßherstellung noch nicht verwenden lassen. Schmied, Gehilfe und Zuschläger führen Hämmer bis zu einem Gewicht von 15 kg. Nach dem Erkalten wird die „Bahn“ geschliffen, sowie das Rund- und Vierkantloch hergestellt. Zum Härten wird der Amboß von der Bahnseite her angewärmt und unter dem Wasserstrahl abgeschreckt, zum Schluß angelassen.

41. Ruderquadrant. Schmiedestücke dieser Art sind in der Freiformschmiede durch Änderungen der Bauformen und Antriebsarten im Schiffbau seltener geworden (Abb. 86). Früher wurden Vorder- und Hintersteven, Ruderteile und vieles andere in großer Zahl durch Schmieden und Zusammenschweißen hergestellt. Schweißstellen mit Abmessungen von 300 × 300 mm waren keine Seltenheit. Auch in den letzten Jahren traten Arbeiten auf, welche durch Feuerschweißen eine schnellere und bessere Erledigung hätten finden können, aber mangels geeigneter Fachleute nicht ausgeführt werden konnten.

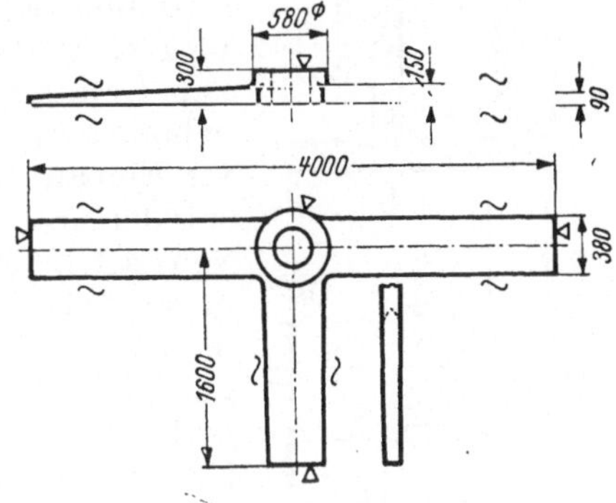

Abb. 86. Ruderquadrant.

Wenn solche Stücke sich nicht in Stahlguß ausführen ließen, blieb oft nichts anderes übrig, als sie mit einem erheblichen Materialaufwand zu schmieden und durch Zerspanung die Endform herzustellen. Die Schweißarbeit, die längst nicht immer eine Verschlechterung der Festigkeitswerte hätte zu bedeuten brauchen, wurde dabei nicht allein durch einen höheren Materialverbrauch, sondern auch durch stark gesteigerten Aufwand an Betriebsmittelkosten und Löhnen auf der Seite der mechanischen Bearbeitung ersetzt. Es dürfte sicher möglich sein, elektrische Schweißeinrichtungen für so große Querschnitte zu bauen, eine Rentabilität wird jedoch auch nicht annähernd zu erreichen sein. Dieses Beispiel soll zeigen wie verhältnismäßig einfach der Ablauf und die Mittel für eine größere Schweißung sind.

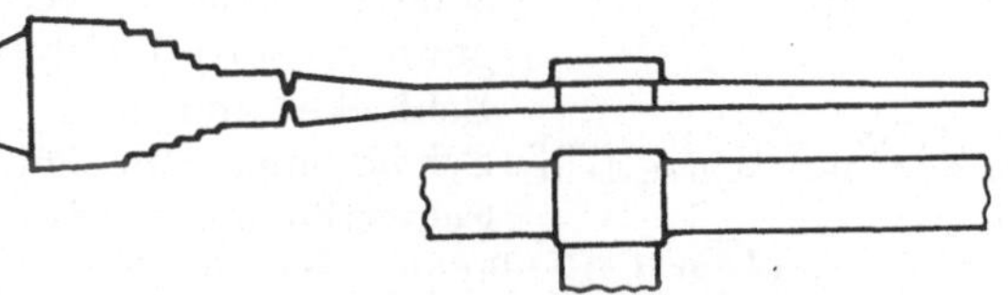
Abb. 87. Schmieden des Hauptstückes.

Vom Rohblock ausgehend wird zunächst das Hauptstück geschmiedet (Abb. 87). Hierzu erhält der Schmied außer der Zeichnung Schablonen der Haupt- und Seitenansicht. Mit der Nabe wird auch der Stummel zum Anschweißen des mittleren Armes angesetzt. Da nur die Nabe bearbeitet wird und die Arme roh bleiben, muß sauber geschmiedet und Richtung gehalten werden. Für das Schweißen ist es vorteilhaft, wenn der Stummel möglichst lang ist, weshalb der Schmied versucht, mit dem Balleisen diesen Teil noch etwas nachzustrecken (Abb. 88).

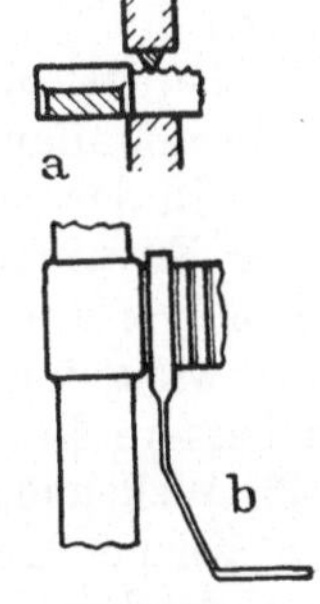

Abb. 88. Strecken mit dem Balleisen. *a* Ansicht; *b* Draufsicht.

Der anzuschweißende Arm wird wegen des Verhaltens beim Schweißen möglichst aus demselben Rohblock geschmiedet. Muß er aus einem anderen Material gemacht werden, so ist darauf zu achten, daß die chemische Zusammensetzung der des andern zu schweißenden Teiles möglichst gleich ist. Vor dem Schweißen wird der Stummel auf Maß vorgearbeitet und erhält an der Schweißstelle eine V-Fuge. Der anzuschweißende Arm wird in gleicher Weise vorbereitet. Je besser solche Schweißflächen aufeinanderpassen, um so inniger verschweißen sie. Vor dem Schweißen achte man darauf, daß die Schweißstellen nicht angerostet, verölt oder verschmutzt sind.

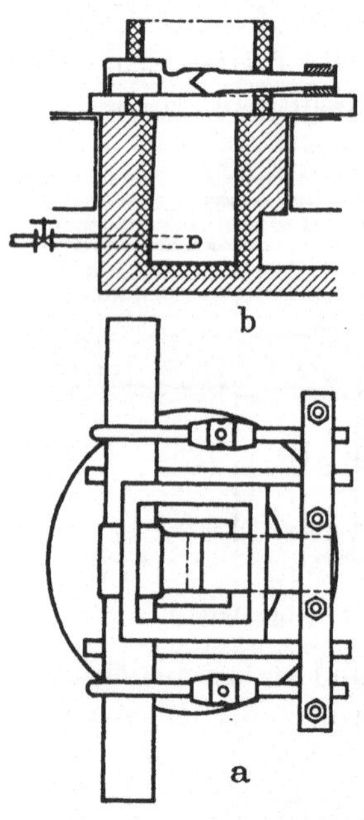

Abb. 89. Rundfeuer zum Schweißen. *a* von oben; *b* Querschnitt.

Das Schweißen erfolgt auf dem Rundfeuer, das ist ein schachtartiges Koksfeuer, welches von allen Seiten zugänglich ist und etwa 80 cm über Hüttenflur ragt (Abb. 89). Das Einschirren des Ruderquadranten erfolgt so, daß ein Stauchen durch Nachziehen der Spannmuttern möglich ist, dabei wird das ganze Stück möglichst günstig zum Hammer gelegt, damit es schnell auf den Untersattel gebracht werden kann. Das Einschirren solcher Stücke, ihr Einbau am Feuer und die Feuerführung wollen verstanden sein, wenn die Arbeit schnell und erfolgreich vonstatten gehen soll. Der Schmied wird das Stück etwas höher über die Öffnung des Koksfeuers legen, damit der die Schweißstelle umgebende Koks auch genügend Wind erhält. In der aus feuerfesten Steinen und einem mageren Mörtel hergestellten Ummauerung läßt der Schmied an zwei gegenüberliegenden Stellen Löcher, durch welche er die Schweißstelle beobachten und das Nachrutschen des Brennstoffes regeln kann. Beim Schweißen großer Querschnitte muß von Anfang an auf eine gleichmäßige An- und Durchwärmung besonders geachtet werden. Mit dem Stauchen wird begonnen, sobald Schweißhitze erreicht ist, damit die Schlacke möglichst dünnflüssig austritt und die Schweißung eingeleitet wird. Zum Ende der ersten Schweißhitze wird das Stück schnell zum Hammer gebracht und mit Schlägen, die möglichst die ganze Fläche decken, überschmiedet. Leicht bewegliche Hebezeuge sind für solche Arbeiten unerläßlich. Die Schweißstellen werden dann seitlich mit dem Warmschrot verputzt. Im allgemeinen lassen sich so große Stücke nicht im Feuer wenden und erfordern deshalb zwei oder auch drei Schweißhitzen, wobei dann stets eine andere Seite auf das Feuer gelegt wird. Zum Schluß werden alle Seiten sauber verputzt und geglättet.

Es ist erstaunlich, aber auch bedauerlich, daß selbst in den Großschmieden mit ihren umfangreichen Arbeitsprogrammen sich kaum noch Fachleute befinden, welche in der Lage sind, große Schweißarbeiten durchzuführen. Der Grund wird in der Entwicklung der anderen Herstellungsverfahren, vor allem der neueren Schweißverfahren zu suchen sein. Diese neueren Schweißverfahren sind trotz ihrer oft verwickelten Apparatur leicht erlernbar und ergeben bei kleineren Querschnitten bessere Ergebnisse.

42. Wellenböcke (ausgeführt von der Gutehoffnungshütte A. G., Abt. Düsseldorf, vorm. Haniel & Lueg, nach einem Vorschlag des Verfassers).

In der Regel wird man im Schiffbau versuchen, solche Teile (Abb. 90) in Stahlguß ausführen zu lassen; es gibt aber zahlreiche Fälle, in denen auf Grund besonderer physikalischer Anforderungen das Schmiedestück bevorzugt wird. Die Arme dieses Wellenbockes sind am Lagerkörper einseitig und eng zusammenliegend angesetzt, im Gegensatz zu anderen Formen, wo sie einen Winkel von 90° bis 100° bilden. Im letzteren Falle würde man eine Schmiedeform wählen, bei der die Arme zu beiden Seiten des Lagerkörpers in einer Ebene liegen. Im vorliegenden Falle jedoch würde eine solche Form zu große mechanische Bearbeitung an den Stellen, an denen die Arme ansetzen, vor dem Biegen notwendig machen. Auch sollte man Biegearbeiten an solchen Stellen, um Werkstoffauflockerungen vorzubeugen, auf das geringst Mögliche beschränken. Das hier beschriebene Verfahren kam diesen Belangen entgegen. Wellenböcke werden in der Regel paarweise bestellt. Es wurde zur besseren Handhabung deshalb vorgesehen, zwei solcher Stücke mit den Lagerkörpern aneinanderliegend und die Arme zusammengeklappt zu schmieden (Abb. 91). Die Trennungsstelle wurde dabei mit entsprechend geformten Kehleisen eingedrückt und die Arme als flache Stücke angesetzt. Auf die verschiedene Länge der Arme konnte dabei keine Rücksicht genommen werden, wohl aber wurden sie im Hinblick auf ihre endgültige Stellung schräg angesetzt und auch die Blätter, das sind die Verbreiterungen an den Armenden, hergestellt. Die Herstellung einer solchen Vorform bietet keine besonderen Schwierigkeiten. Hätte jedoch für die Anfertigung nur ein Auftrag über ein Stück vorgelegen, würde an Stelle des zweiten Wellenbockes die Belassung eines Vierkantstückes zum Zwecke besserer Handhabung notwendig gewesen sein. Dieses Stück würde dann später abgetrennt, um es anderweitig zu verwenden. Zur Herstellung erhielten die Schmiede außer der Schmiedezeichnung über Vor-

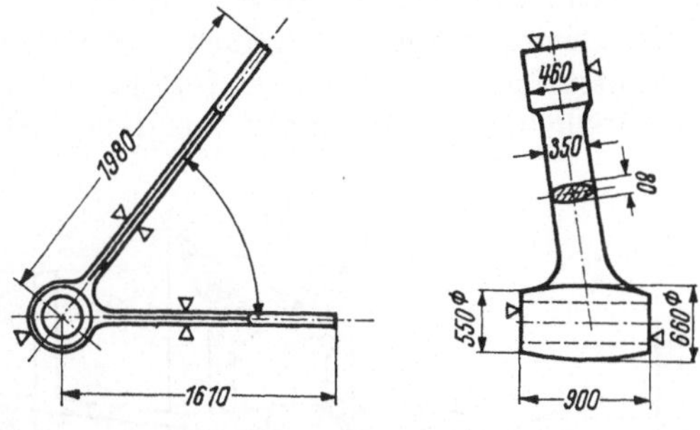

Abb. 90. Wellenbock.

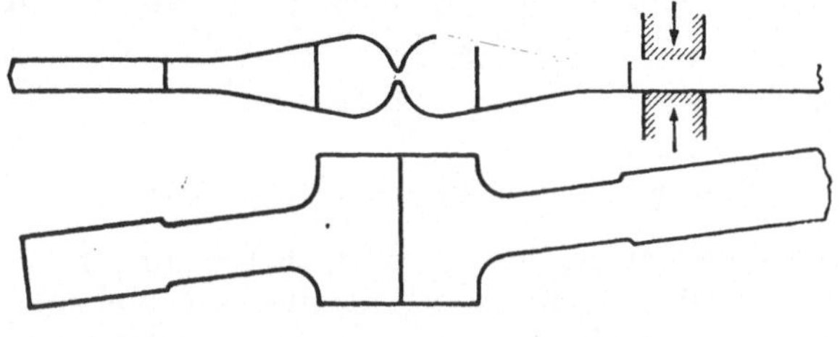
Abb. 91. Vorform zu zwei Wellenböcken.

Abb. 92. Trennung der Arme.

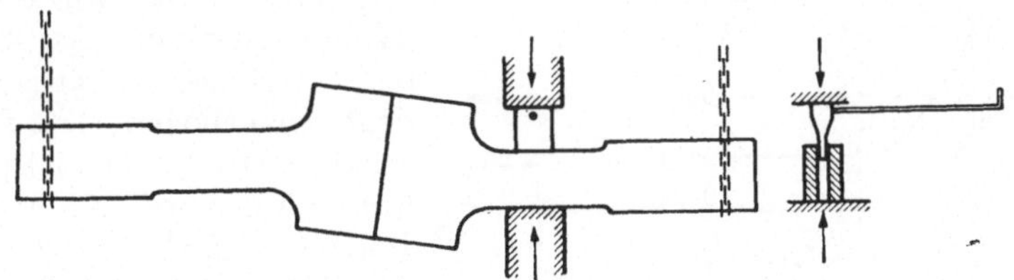
Abb. 93. Vorspreizen der Arme durch Eindrücken eines Keiles.

und Fertigform Schablonen der beiden Hauptansichten der ersteren, je eine solche der Armbreitseiten und eine der Stirnansicht mit der Spreizstellung der Arme. Vor dem Biegen wurde zunächst unmittelbar an der Ansatzstelle ein Loch gebohrt, dessen Radius etwas kleiner war als derjenige der fertigen Form. Die Trennung der Arme geschah durch Sägen und Hobeln (Abb. 92). Das Spreizen erfolgte unter der Schmiedepresse soweit, bis die Unterbringung einer Stockwinde zwischen den

Armenden möglich war. Hierfür wurden nur die Lagerkörper und ein kurzes Stück der Arme an der Biegungsstelle angewärmt, da sonst durch das Eindrücken des Keiles (Abb. 93) die Arme ihre gerade Form verloren hätten. Zum weiteren Spreizen wurden die beiden noch zusammenhängenden Wellenböcke auf eine aus Vierkantstäben bestehende Unterlage gelegt und unter Zuhilfenahme von vier ortsbeweglichen Gasbrennern aus feuerfesten Steinen und Tonmörtel um die Biegungsstelle ein Behelfsfeuer errichtet (Abb. 94). Nach guter Durchwärmung ging dann unter fortwährendem aber langsamem Anwinden die Spreizung vor sich, wobei das Feuer voll in Brand gehalten wurde. Nach Erreichen der richtigen Stellung der Arme und Löschen der Gasbrenner verblieb das Stück zum Abkühlen im Behelfsfeuer. Die Biegungsstelle wurde während des Spreizens genau beobachtet und die Anwärmung an der Ansatzstelle und den Armen so geregelt, daß die höchste Temperatur stets nur an der eigentlichen Biegungsstelle vorhanden war. Nachdem die Spreizung der Arme des angeschmiedeten Wellenbockes in der gleichen Weise erfolgt war, wurden die beiden Stücke mittels Autogenbrenner getrennt. Dem ersten Ausmessen auf der Reißplatte folgte dann, um zeitraubende mechanische Bearbeitung zu sparen, die Bildung der Querschnittsform der Arme durch Spülbrennen und Nacharbeiten mit dem Preßluftmeißel. Das Umwandlungsglühen (zur Erzielung eines gleichmäßigen Gefüges) fand erst statt, nachdem die Lagerstelle vorgearbeitet und das Lagerloch gebohrt war, um hierdurch die Querschnittsunterschiede weitgehendst aufzuheben und eine gleichmäßigere An- und Durchwärmung zu ermöglichen.

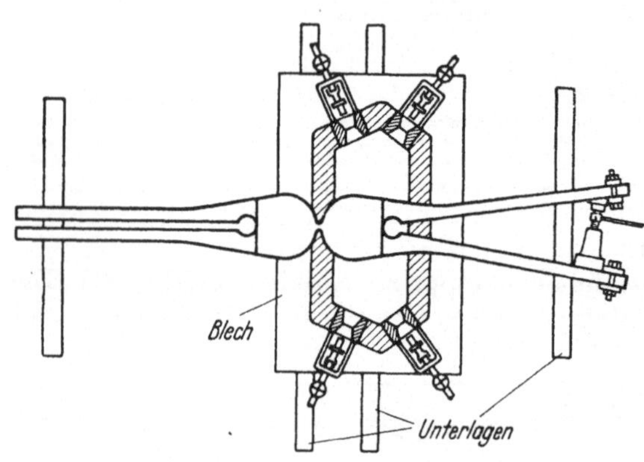

Abb. 94. Weiterspreizen der Arme im Behelfsfeuer.

43. Ruderschaft (ausgeführt von der Gutehoffnungshütte A. G., Abt. Düsseldorf, vorm. Haniel & Lueg).

Der Schaft (Abb. 95) ist rund, oben kegelig. Es genügt, zu diesem Zweck den Schaft von der Linie A bis B zylindrisch zu schmieden und dementsprechend zu berechnen. Die Zugabe betrage 24 mm ringsum, also 48 mm auf den Durchmesser. Zwischen B—C liegt der gebogene Teil des Ruderschaftes. Dieser Teil ist bei B noch kreis und, wird im Verlauf des Bogens länglichrund und hat beim Ansatz auf dem Fuß einen fast trapezförmigen Querschnitt. Es ist zweckmäßig, diesen Teil nicht rund zu schmieden, sondern den Querschnitt eckig zu lassen. Die Bearbeitungszugabe im Bogen ist wesentlich größer als auf dem geraden Teil des Schaftes, bis etwa 70 mm je Fläche. Die Berechnung des Gewichtes des Teiles B bis C macht keine Schwierigkeiten. Eine allzu große Genauigkeit ist nicht am Platze, da sich das Stück doch mit einer ganz bestimmten Bearbeitungszugabe nicht schmieden läßt.

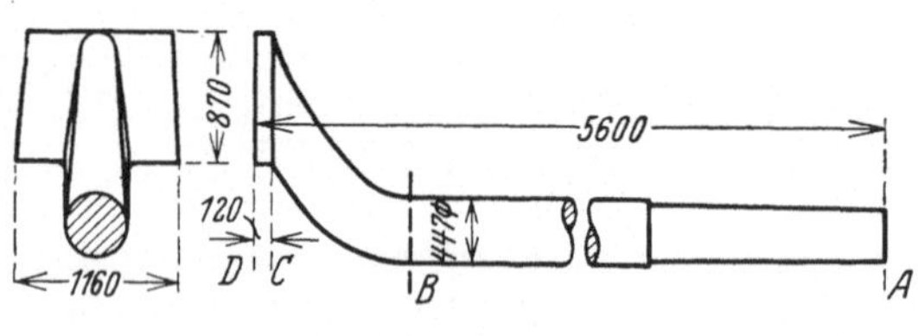

Abb. 95. Ruderschaft.

Der Fuß des Ruderschaftes ist 120 mm stark. Bei der Berechnung des Gewichtes müssen wir bedenken, daß der Schaft nach dem Schmieden vom Rohblock abgehauen wird. Die Abhaustelle liegt an der unteren Seite des Fußes, also etwa auf der Linie *D*. Am Fuß ist nach folgenden Gesichtspunkten zu den Fertigmaßen zuzugeben: Das Schmiedestück ist beim Abhauen schmiedewarm, 850 bis 1100°. Gäbe man nur die geringe Bearbeitungszugabe zu, also auf jeder Seite etwa 25 mm, so erhielt man ein Schmiedemaß von 170 mm. Beim Abhauen stellte sich dann heraus, daß dieser Fuß nicht starr genug wäre. Der Werkstoff gäbe

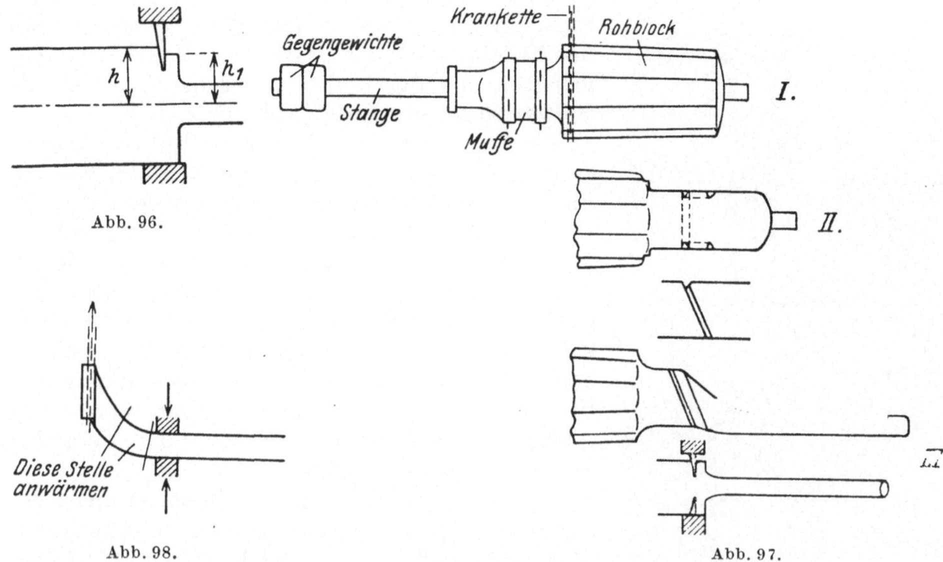

Abb. 96.

Abb. 98.

Abb. 97.

Abb. 96 bis 98. Schmieden eines Ruderschaftes.

beim Eintreiben des Messers nach (vgl. h und h_1 Abb. 96). Man könnte nun den Querschnitt von Anfang an um dieses „Nachgeben" größer machen; jedoch würde dabei der Blockquerschnitt und das Gewicht zu groß. Zweckmäßiger ist es daher, den Fuß dicker zu lassen: er werde mit 220 mm angenommen. Die Trapezform des Fußes bereitet auch mancherlei Schwierigkeiten beim Abtrennen; der Fuß wird deshalb rechteckig geschmiedet.

Vorstehende Angaben sollen auf die Überlegungen hinweisen, die vor Inangriffnahme der Arbeit anzustellen sind. Wenn Klarheit über die beim Schmieden erreichbaren Maße herrscht, ist die Gewichtsberechnung leicht.

Die Berechnung dieses Schaftes ergab ein Gewicht von rund 15 000 kg; hierzu kommt noch das Gewicht der anzuschmiedenden Probestücke.

Nun wird der Rohblock festgelegt. Der Fuß soll gut durchgeschmiedet werden. Da sein Querschnitt 12 500 cm² beträgt, müßte der Querschnitt des Rohblockes bei zweifacher Verschmiedung 25 000 cm² haben. Rohblöcke in dieser Größe haben fast ausschließlich achtkantige Querschnitte. Die 25 000 cm² Querschnitt würden einem achtkantigen Rohblock mit etwa 1800 mm ∅ (des umschriebenen Kreises) entsprechen.

Das Gewicht des gewählten Rohblockes betrug 55 000 kg. Um den Fuß des Rudersch ftes möglichst günstig zu verschmieden, wurde er schräg zur Rohblockachse gelegt (Abb. 97, *II* u. *III*).

Die zum Schmieden notwendige Schablone des Stückes wird nach den Fertigmaßen (nicht Schmiedemaßen!) hergestellt.

Da beim Schmieden das Stück häufig gewendet wird, muß ein besonderes Greifende vorgeschmiedet werden, auf das man die Muffe aufschrauben kann. In die Muffe wird die Stange eingesetzt, die nötigenfalls auf ihrem äußeren Ende die Gegengewichte trägt (Abb. 97, *I*).

Der Rohblock wurde zuerst auf die Maße 1300 × 1100 vorgeschmiedet und auf zwei Seiten eingekerbt, und zwar entsprechend der schrägen Lage des Fußes, schräg zur Blockachse (Abb. 97, *II*).

Nun wurde, bei den Kerben angefangen, der Schaft ausgeschmiedet.

Nach dem Abhauen wurde die zu biegende Stelle gewärmt und in der Weise gebogen, daß der Schaft unter der Presse mit Preßdruck festgehalten und durch den Kran der freistehende Fuß aufgezogen wurde (Abb. 98).

Der Block war nun erst zu einem Teil verarbeitet, er wurde deshalb wieder in den Ofen eingefahren, um für andere Stücke weiter verschmiedet zu werden. Abb. 99 zeigt den fertigen Ruderschaft.

Die Stoffverschiebungen sind bei diesem Stück außerordentlich groß. Auch ist es nicht zu vermeiden, daß ein solches Stück während des Schmiedens stellenweise zu kalt wird. Hierdurch entstehen große Spannungen, die für die Verwendung des Stückes nachteilig sein können. Zur Beseitigung solcher Spannungen ist es notwendig, derartige Schmiedestücke zu glühen.

Der Schaft wird zu diesem Zweck in einen geeigneten Glühofen gepackt und so unterlegt, daß er bei höherer Temperatur nicht krumm wird. Im vorliegenden Falle handelt es sich um einen Stahl von 46 bis 50 kg Festigkeit, also mit etwa 0,26% C. Der obere Umwandlungspunkt dieses Stahles liegt bei etwa 830°. Auf diese Temperatur muß der Schaft erwärmt und etwa 1½ bis 2 h gehalten werden, um dann langsam bei geschlossenem Ofen zu erkalten. Von großer Wichtigkeit ist es, daß das Stück in allen Teilen gleichmäßig warm wird und abkühlt, da sich sonst neue Spannungen bilden.

Abb. 99. Ruderschaft, fertig geschmiedet.

44. Reaktionsgefäß für die chemische Industrie (ausgeführt von der Dortmund-Hoerder Hüttenverein A. G., Dortmund, Abt. Dortmunder Union). Die Entwicklung der chemischen Industrie führte seit Jahren zu immer höheren Drücken bei größeren Reaktionsräumen. Eines Tages reichten auch die Blöcke mit einem Gewicht von 180 t nicht mehr aus, man mußte auf 230 t, dann 250 und schließlich auf 280 bis 300 t gehen. Die Werkstoffe machten in der gleichen Zeit eine Entwicklung ihrer besonderen Eigenschaften, wie Warmfestigkeit und Widerstandsfähigkeit gegen chemische Angriffe durch.

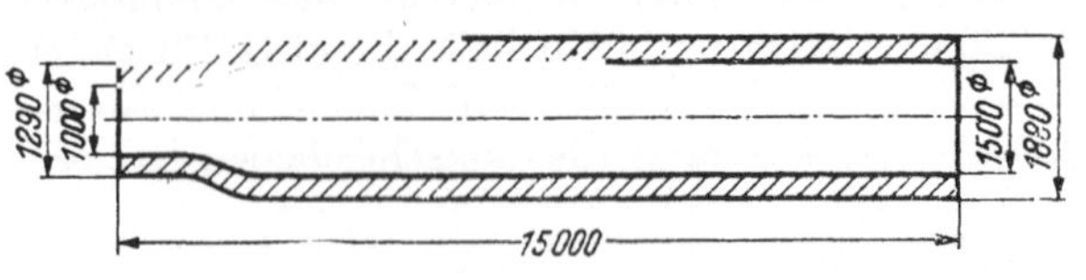

Abb. 100. Vordrehmaße eines Reaktionsgefäßes.

Abb. 100 zeigt die Vordrehmaße eines Reaktionsgefäßes und Abb. 101 die sich hieraus ergebenden Schmiedemaße. Das Schmiedegewicht wurde mit 196 000 kg errechnet, wobei zu erwähnen ist, daß der Lochdurchmesser wegen der Kegelform des Schmiededornes nicht genau 1370 mm beträgt, sondern zwischen 1350 und 1385 mm liegt. Um das Gewicht zu erhalten, welches vorhanden sein muß, nachdem Kopf und Fuß abgetrennt sind, muß zu dem Gewicht von 196000 kg noch das des Lochputzens, der beim Lochen entfällt, und das Abbrandgewicht hinzugeschlagen werden:

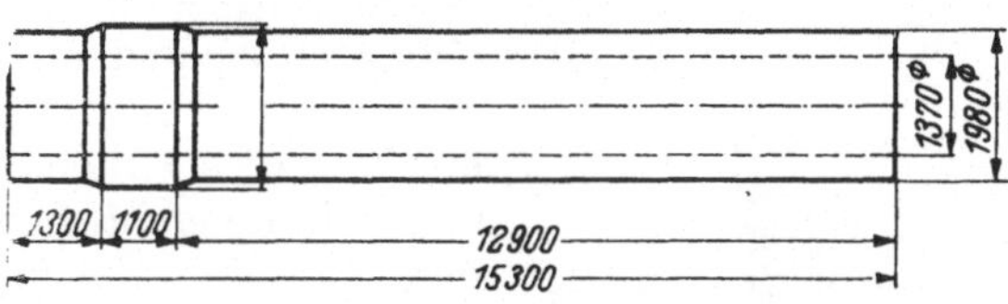

Abb. 101. Schmiedemaße zu Abb. 100.

$$196\,000 + 7000\ (\text{Lochputzen}) + 9000\ (4{,}5\%\ \text{Abbrand}) = 212\,000\ \text{kg}.$$

Der zur Verfügung stehende Rohblock hatte ein Gewicht von etwa 290 000 kg. Seine Gesamtlänge betrug etwa 7,5 m, der größte Durchmesser des Achtkantes (einbeschriebener Kreis) 2,8 m (Abb. 102). Wegen der hohen Arbeitsdrücke von mehreren hundert Atmosphären und der sehr hohen Reaktionstemperatur von 350° war ein Chrom-Nickel-Molybdän-Stahl mit hohen physikalischen Werten vorgesehen.

Der Rohblock wurde mit einer Temperatur von etwa 650° aus der Kokille gezogen und anschließend in einem Schmiedeofen bei sehr geringer Wärmezufuhr zum Ausgleich gebracht. Die Anwärmung vollzog sich nach den Grundsätzen, wie Verfasser sie bereits in Heft 11 der Werkstattbücher, S. 55 u. f., dargelegt hat, wobei der Durchwärmung nach Erreichung der Schmiedetemperatur besondere Aufmerksamkeit geschenkt wurde. Im ersten Verformungsgang wurde der Block zylindrisch vorgeschmiedet und in der gleichen Wärme Kopf und Fuß abgehauen. Die anfallenden Schrottstücke lassen sich dabei nicht chargierfähig machen, d. h. so zerkleinern, daß sie leicht durch die Türen des Martinofens gehen. Es fallen Stücke mit einem Einzelgewicht von 20 bis 40 t an, die gesammelt und von Zeit zu Zeit gesprengt werden. Nach einem Nachwärmen wurde der Block, auf einer der zylindrischen Flächen stehend, zum Stauchen unter die Presse gebracht (Abb. 103). Das Senkrechtstellen

Abb. 102. Rohblock 290 000 kg.

Abb. 103. Block wird zum Stauchen unter die Presse gebracht.

eines solchen Blockes mit etwa 5 m Länge und 2,7 m ⌀ bei 1280° schafft Probleme besonderer Art. Bereits beim Vorschmieden wurde in geringem Abstand von dem einen Ende eine Einschmiedung von der Breite eines Sattels rundherum gemacht, deren Durchmesser mit den für diesen Zweck vorbereiteten „Klemmbügeln" übereinstimmte. Mit Hilfe starker Blockketten (110 mm ⌀) und eines einzelnen Klemmbügels wurde der Block zunächst aufgerichtet. Dann wurden ihm ein Paar dieser Bügel angelegt, die zu diesem Zweck an einem Rahmen hängen. Das Festklemmen erfolgt durch den Zug der Blockketten. Zum Stauchen muß ein solcher Block genau gerade stehen, da er sich sonst „verläuft", d. h. er staucht sich schief. Da ein schief gestauchter Block nun leider nicht ebenso schief zu lochen ist, womit er doch noch eine gleichmäßige Wandstärke erhalten würde, ist er für den vorgesehenen Zweck unbrauchbar. Nach dem Stauchen wird in gleicher Wärme mit dem Hohldorn gelocht (näheres Heft 11 der Werkstattbücher, S. 37). Die Höhe des gestauchten Stückes war so errechnet, daß ein Durchlochen unter Verwendung des längsten Lochdornes und mit Hilfe eines Scherringes möglich war (Abb. 104). Damit sich so ein Dorn nicht verläuft, muß man ihn von Zeit zu Zeit herausziehen und Gaskohle in das Loch werfen. Bei der großen Höhe dieses Blockes würden diese Maßnahmen den Dorn jedoch auch nicht vor dem Festhängen bewahren können, da die Reibung im Loch so groß würde, daß ein Ausziehen des Dornes unmöglich ist. Es muß deshalb mit Dornen, welche größere Außen- und kleinere Innendurchmesser haben, vorgelocht werden. In unserem Falle wurde mit zwei solcher Vordorne vorgelocht (Abb. 105). Bei dieser Lochungsart bahnt ein Dorn dem nachfolgenden den Weg. Die Dorne sind am Eindringende halbrund ausgebildet, weil eine solche Form einen geringeren Widerstand findet und sich jede andere Form beim Eindringen infolge Abnutzung doch einer halbrundähnlichen nähern würde. Eine Schneidkante z. B., wie sie der Scherring hat, würde sich bei einem langen Lochweg durch den fließenden Werkstoff so verformen, daß ein Herausziehen nicht mehr möglich wäre. Aus diesem Grunde wurde auch der Scherring zum Schluß, unmittelbar vor dem Durchlochen, eingeführt, um eine glatte Abscherung des Lochputzens zu erhalten. Nachdem der Scherring eingeführt war, wurde die zum Durchlochen nötige Lochscheibe untergelegt. Sowohl das Aufsetzen des ersten Lochdornes, wie auch des ganzen Stückes auf die Lochscheibe erfolgte nach Augenmaß, da es Meßmöglichkeiten für solche Fälle nicht gibt. Nach einem erneuten Anwärmen wurde der Block aufgeweitet, um den Streckdorn mit 1385 bis 1350 mm ⌀ aufnehmen zu können. Zum Aufweiten wurde das Stück auf einen zylindrischen Dorn genommen, der beim Schmieden auf zwei Böcken liegend als Amboß diente.

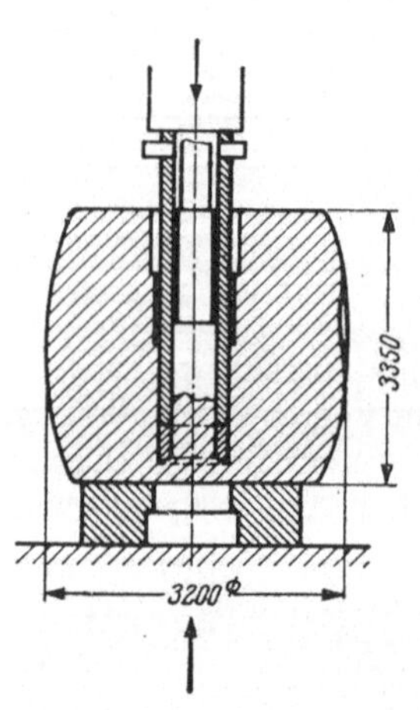

Abb. 104. Lochen des Blockes.

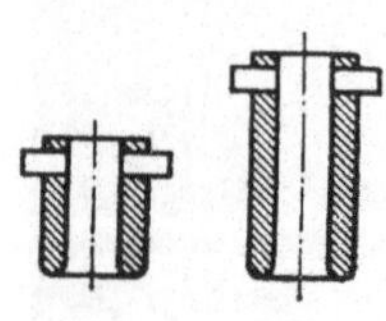
Abb. 105. Vordorne zum Vorlochen.

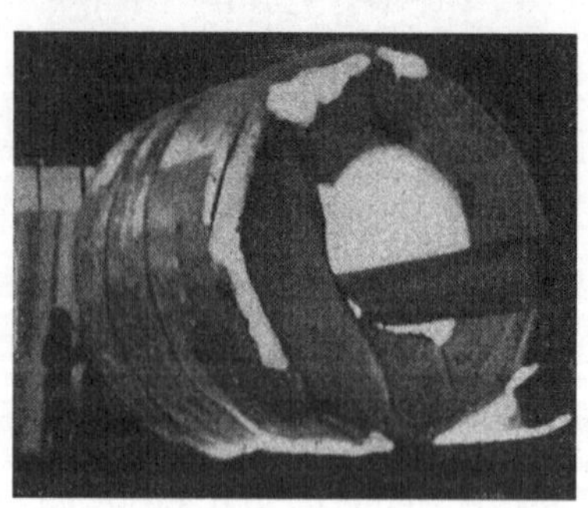
Abb. 106. Das aufgeweitete Stück.

Unter stückweisem Drehen wurde dann der Hohlkörper in Umfangsrichtung überschmiedet (siehe auch Heft 11 S. 33). Abb. 106 zeigt das aufgeweitete Stück. Der im Loch steckende Dorn ist ein dünnerer Dorn für den Transport. Nach einem neuerlichen, in diesem Fall jedoch nur kurzen Nachwärmen wird mit dem Strecken über dem Dorn begonnen (siehe auch hierzu Heft 11 S. 33). In der ersten Streckwärme wurde die Mitte geschmiedet, die beiden Enden erfordern je eine weitere Wärme. Abb. 107 zeigt das Gefäß gegen Ende der letzten Streckwärme. Vom Beginn der Herstellung an bis zum Abkühlen nach dem Strecken wurde das ganze Stück stets gleichmäßig angewärmt, so daß sich Wärmespannungen nicht bilden konnten. Im Anschluß an die letzte Streckwärme wurde das Stück vom Glühofen auf-

Abb. 107. Strecken des Hohlkörpers.

genommen, um zur Erzielung eines gleichmäßigen Gefüges normalisiert zu werden und nach einem neuerlichen Anwärmen auf Entspannungstemperatur langsam bei stetig verminderter Wärmezufuhr zu erkalten.

Nach dem nun folgenden Vordrehen und Vorbohren war ein Ende des Gefäßes einzuziehen. Der in der Nähe des Einziehendes angesetzte Bund (Abb. 101) liegt an der Übergangsstelle vom größeren zum kleineren Außendurchmesser und hat den Zweck, ein „Untermaßgeraten" der Wandstärke beim Einziehen zu verhüten. Während des Anwärmens wird das Stück langsam gedreht, damit es sich gleichmäßig erwärmt. Zum Einziehen wurde unten ein Spitzsattel, oben ein Rundsattel eingebaut und mit leichten gleichmäßigen Drücken geschmiedet.

Das Abkühlen erfolgte wieder unter Beachtung einer langsamen und gleichmäßigen Temperaturabnahme in einem Ofen. Schmieden ist nicht allein Warmverformung, sondern auch Warmbehandlung. Die Vermeidung und Entfernung der Spannungen, welche sich nun einmal bei der Verarbeitung so großer Querschnitte bilden, ist ein besonderes Problem der Herstellung großer Schmiedestücke überhaupt.

Es ist im Rahmen dieses Heftes nur möglich, die wesentlichen Punkte herauszustellen. Von allen Beteiligten, gleichgültig an welchem Platz sie stehen, wird zur Durchführung solcher Aufgaben die Eignung zu individueller Arbeit (im Gegensatz zu schematischer), oft höchste Konzentration, unbedingte Verläßlichkeit, größte Sachkenntnis und Mut zur Verantwortung gefordert.

Druck: Thüringer Volksverlag Langensalza Werk II

Einteilung der bisher erschienenen Hefte nach Fachgebieten (Fortsetzung)

II. Spangebende Formung (Fortsetzung)

	Heft
Außenräumen. Von A. Schatz	80
Das Schleifen und Polieren der Metalle. 4. Aufl. Von O. Werkmeister	5
Spitzenloses Schleifen. Von W. Hofmann	97
Werkzeugschleifen. Von A. Rottler	94
Feilen. Von B. Buxbaum	46
Das Sägen der Metalle. Von H. Hollaender	40
Die Fräser. 4. Aufl. Von E. Brödner	22
Das Fräsen. 2. Aufl. Von Dipl.-Ing. H. H. Klein	88
Die wirtschaftliche Verwendung von Einspindelautomaten. 2. Aufl. Von H. H. Finkelnburg	81
Die wirtschaftliche Verwendung von Mehrspindelautomaten. 2. Aufl. Von H. H. Finkelnburg	71
Werkzeugeinrichtungen auf Einspindelautomaten. Von F. Petzoldt	83
Werkzeugeinrichtungen auf Mehrspindelautomaten. Von F. Petzoldt. (Im Druck)	95
Maschinen und Werkzeuge für die spangebende Holzbearbeitung. 2. Aufl. Von H. Wichmann (Im Druck)	78

III. Spanlose Formung

Freiformschmiede I (Grundlagen, Werkstoff der Schmiede, Technologie des Schmiedens). 3. Aufl. Von F. W. Duesing und A. Stodt	11
Freiformschmiede II. Konstruktion und Ausführung von Schmiedestücken (Schmiedebeispiele). 3. Aufl. Von A. Stodt	12
Freiformschmiede III (Einrichtung und Werkzeuge der Schmiede). Von A. Stodt	56
Gesenkschmieden von Stahl I (Gestaltung von Schmiedestücken und Schmiedewerkzeugen). 3. Aufl. Von H. Kaessberg	31
Gesenkschmieden von Stahl II (Herstellung und Behandlung der Werkzeuge). 2. Aufl. Von H. Kaessberg (Im Druck)	58
Das Pressen und Gesenkschmieden der Nichteisenmetalle von Czempiel und O. Haase	41
Die Herstellung roher Schrauben I (Anstauchen der Köpfe). Von J. Berger	39
Stanztechnik I (Schnittechnik). 2. Aufl. Von E. Krabbe	44
Stanztechnik II (Die Bauteile des Schnittes). 2. Aufl. Von E. Krabbe	57
Stanztechnik III (Grundsätze für den Aufbau von Schnittwerkzeugen). Von E. Krabbe	59
Stanztechnik IV (Formstanzen). 2. Aufl. Von W. Sellin	60
Die Ziehtechnik in der Blechbearbeitung. 3. Aufl. Von W. Sellin	25
Hydraulische Preßanlagen für die Kunstharzverarbeitung. 2. Aufl. Von H. Lindner (Im Druck)	82

IV. Schweißen, Löten, Gießerei

Die neueren Schweißverfahren. 7. Aufl. Von P. Schimpke	13
Das Lichtbogenschweißen. 4. Aufl. Von E. Klosse	43
Praktische Regeln für den Elektroschweißer. 3. Aufl. Von R. Hesse	74
Widerstandsschweißen. 2. Aufl. Von W. Fahrenbach	73
Das Schweißen der Leichtmetalle. 2. Aufl. Von Th. Ricken	85
Das Löten. 3. Aufl. Von W. Burstyn	28
Fachkunde für den Modellbau. 2. Aufl. Von E. Kadlec (Im Druck)	72
Der Holzmodellbau I (Allgemeines, einfachere Modelle). 3. Aufl. Von R. Löwer (Im Druck)	14
Der Holzmodellbau II (Beispiele von Modellen und Schablonen zum Formen). 3. Aufl. Von R. Löwer (Im Druck)	17
Modell- und Modellplattenherstellung für die Maschinenformerei. Von Fr. und Fe. Brobeck	37
Der Gießerei-Schachtofen im Aufbau und Betrieb. 4. Aufl. von „Kupolofen-Betrieb". Von Joh. Mehrtens (Im Druck)	10
Handformerei. 2. Aufl. Von F. Naumann	70
Maschinenformerei. Von U. Lohse †. 2. Aufl. von H. Allendorf	66
Formsandaufbereitung und Gußputzerei. Von U. Lohse	68

(Fortsetzung 4. Umschlagseite)